# 스톡홀름에서
# 걸려온 전화

# 스톡홀름에서 걸려온 전화

스테파노 산드로네 지음

최경은 옮김

노벨상 수상자 24명의
과학적 통찰과 인생의 지혜

서울경제신문

스톡홀름에서
걸려온 전화

초판 1쇄 인쇄 2022년 11월 15일
초판 1쇄 발행 2022년 11월 29일

지은이  스테파노 산드로네
옮긴이  최경은
펴낸이  이종환

편집장  유승현
홍보  노선우

편집  박나래
디자인  MALLYBOOK

펴낸곳  서울경제신문 서경B&B
출판등록  2022년 4월 4일 제2022-000062호
주소  03142 서울특별시 종로구 율곡로 6 트윈트리타워 B동 14~16층
전화  (02)724-8765 | 팩스 (02)724-8794
이메일  sebnb@sedaily.com | 홈페이지 www.sedaily.com
ISBN  979-11-979212-2-3 03400

고귀한 삶과 값진 조언을 통해
매일 나에게 영감을 선사해주시는
레나토 할아버지께 이 책을 바칩니다.

# 추천사

이 책을 펼쳐서 이야기를 하나씩 음미하다 보니 마치 스테파노 산드로네의 어깨 너머를 바라보고 있는 듯한 기분이 듭니다. 그의 인터뷰는 린다우 노벨상 수상자 회의Lindau Nobel Laureate Meetings에서 대화가 이루어지는 방식을 고스란히 따릅니다. 저마다 개성이 강한 사람들이 모여서 과학을 토론하고 인생 경험을 나눕니다. 린다우 회의에서처럼 이 책에는 1장에서 20장까지 노벨상의 다양한 학문 영역에 관한 이야기가 조화롭게 담겨 있습니다. 여기서 우리는 겸손함과 심오한 지식, 폭넓은 지평을 만나게 됩니다.

《스톡홀름에서 걸려온 전화》에는 린다우의 정신이 깃들어 있습니다. 제64회 린다우 노벨상 수상자 회의 참가자의 훌륭한 저작을 접하니 무척 반갑습니다. 우리는 기쁜 마음으로 이 프로젝트를 지지합니다. 이처럼 지난 70년간 이곳 린다우에서 탄생한 수많은 아이디어가 전 세계로 널리 퍼져나갔습니다. 아울러 과학계의 스타들과 원대한 포부를 지닌 유망한 젊은 과학자들 사이의 진지하고 열띤 대화를 글로 정리해 남김으로써 저자는 과학의 미래에 대한 존재론적 기준을 전달합니다. 그것은 바로 시간과 지식, 경험을 기꺼이 나누고 조언과 추천을 아끼지 않으며 이 모든 것을 최대한 많은 이들에게 전하려는 태도입니다.

특히 미래 세대의 과학자들을 위해 글로 남겨둔 이런 아이디어들이 국경과 문화, 세대를 넘어서 널리 전파되기를 바랍니다. 이는 다양성을 보여주는 가장 좋은 예가 될 것입니다. 이 이야기들은 연구자로서의 경험과 일상적인 삶의 경험, 그리고 (린다우에서만이 아니라) 다음 세대의 과학 논의를 위한 마음의 준비에 방향성을 제시해줄 것입니다. 한밤중에 걸려온 전화를 받고 잠에서 깬다면 어떻게 할지 행복한 상상에 잠길 때도 도움이 되겠지요.

베티나 베르나도테 백작 부인
린다우 노벨상 수상자 회의

# 서문

스톡홀름에서 걸려온 전화 한 통으로 과학자는 노벨상 수상자가 됩니다. 그리고 린다우에서 날아온 초청장 한 장으로 전 세계의 젊은 과학자들은 보덴호湖 연안에서 열리는 노벨 회의에 참석하게 됩니다. 저는 스물여섯 살 때 이 초청장을 받았습니다. 최초의 린다우 노벨상 수상자 회의는 1951년에 개최되었습니다. 독일의 의사 두 명이 스웨덴 국왕의 손자인 렌나르트 베르나도테 백작을 만났습니다. 그들은 노벨상 수상자들을 초청해서 전도유망한 과학자들과 교류할 수 있는 기회를 마련해주었습니다. 이를 통해 제2차 세계대전 이후의 세계에 희망을 선사하고 국제 과학계의 결속력을 강화했습니다.

인생 이야기, 도전 과제, 발견. 메달과 메달의 이면. 이 책은 독자 여러분께 보내는 초청장입니다. 즐거운 여정이 되시길 바랍니다!

스테파노 산드로네

# Contents

### Chapter 1

# 화학은 쉽다,
# 인간답게 사는 것이 어렵다

로알드 호프만
Roald Hoffmann

이타카를 향해서 떠날 때
모험과 발견으로 가득한
기나긴 여정이 되기를 기원하라.
라이스트리곤과 키클롭스,
성난 포세이돈을 두려워 마라.
그런 무리는 결코 너의 길을 가로막지 않으리
네 생각이 드높고
드문 흥분이 네 영혼과 육신을 뒤흔든다면.
라이스트리곤과 키클롭스,
성난 포세이돈과 마주치지 않으리
너 스스로 그들을 마음에 끌어들이지만 않는다면
네 마음이 그들을 눈앞에 소환하지 않는다면.

• 콘스탄티노스 P. 카바피스, 〈이타카〉 •

— 로알드 호프만 교수님은 제2차 세계대전 동안 게토(유대인 거주
지역)와 강제 수용소에서 어린 시절을 보내셨습니다. 그리고 학
교 부속 건물의 다락방과 창고에 15개월간 숨어서 지내셨지요.
어머니를 비롯한 몇몇 가족분들과 함께 생활하셨고, 당시 함께
계셨던 분들을 제외하면 많은 이들이 목숨을 잃었습니다. 힘겨
웠던 그 시기는 교수님께 어떤 기억으로 남아 있나요?

내가 그 다락방에 들어간 게 다섯 살 때였는데 일곱 살이 다 되
어서야 그곳에서 나왔습니다. 오래전이라 기억이 가물가물하긴
하지만 인상 깊었던 몇 가지는 생각납니다. 어머니와 함께 지리
에 관한 게임을 하곤 했는데, 가령 내가 태어난 도시인 졸로치우
에서 샌프란시스코까지 어떻게 갈 수 있는지 물어보셨어요. 그
러면 어떤 바다를 건너고 어느 항구를 거쳐야 하는지 일일이 짚
어가면서 대답해야 했죠. 콩이 담긴 자루를 베개 대용으로 썼던
기억도 납니다. 하루는 숲에 다녀온 프롬치에 삼촌이 아파서 열
이 났는데 의사를 부를 수가 없었습니다. 어머니는 알코올램프
와 잼 병 몇 개를 가져오라고 하시더니 병 내부의 공기를 데워서
삼촌의 등 위에다 올려놓으셨어요. '스타빗 방키stavit banki'라는
건데 일종의 부항 요법이죠. 그리고 폴란드어 읽는 법을 배웠던
기억이 납니다. 다락방의 목조 창문 틈으로 밖을 내다보곤 했는
데 아이들이 쉬는 시간에 나와서 뛰어노는 모습이 보였습니다.
그들은 항상 내 시야 밖으로 뛰어다녔어요. 그 작은 창문이 바깥
세상과 우리를 이어주는 유일한 통로였습니다.

화학은 쉽다, 인간답게 사는 것이 어렵다

— 교수님은 1949년에 미국으로 이주하셨고 1981년에 '화학반응 경로에 관한 이론'[1]으로 후쿠이 겐이치와 공동으로 노벨 화학상을 수상하셨습니다. 그리고 2006년에는 교수님의 고향에 홀로코스트 기념비를 건립하는 데 기여하셨습니다. 아까 말씀하신 학교 건물에서 20킬로미터가량 떨어진 곳이지요. 지금 그 창고는 화학 강의실로 쓰이고 있습니다. 무려 60년이 흐른 뒤에 그곳을 다시 찾으셨을 때 감회가 어떠셨나요?

마음이 정말 뭉클했습니다. 내 아들과 함께 갔는데, 그 애한테도 다섯 살 난 아들이 있거든요. 그러니 어머니가 1년 반 동안이나 나를 조용히 시키시느라, 그러면서도 밝고 해맑은 아이로 키우시느라 얼마나 고생하셨을지 우리 둘 다 충분히 짐작할 수 있었습니다. 모든 게 어머니 덕분이지요. 또한 심각한 생명의 위협을 무릅쓰고 우리를 숨겨주셨던 이웃 덕분이기도 하고요.

— 이탈리아의 작가이자 화학자이며 홀로코스트 생존자이기도 했던 프리모 레비의 《주기율표》에 이런 부분이 있습니다.

만 년 동안 수많은 시행착오를 거친 후에 얻은 인간의 고결함은 스스로 물질을 정복하려는 데 있었다…… 내가 화학을 전공한 것도 그 고결함에 충실하고 싶었기 때문이다. 물질을 정복한다는 것은 곧 물질을 이해하는 것이며, 물질을 이해해야만 우주와 우리 자신을 이해할 수 있다. 그러므로 우리가 지난 몇 주간 힘들게 풀이를 익혀왔던 멘델레예프의 주기율표는 한 편의 시였다. 중고등학교 때 꾸역꾸역 배웠던 그 모든 시보다 더욱 고귀하고 엄숙한. 또한 잘 살펴보면 주기율표는 각운을 이루고 있다!

호프만 교수님은 일반 대중을 위한 과학책과 희곡을 발표하신 작가이기도 합니다. 삶을 돌이켜볼 때 교수님의 첫사랑은 과학과 예술 중 어느 쪽이었을까요?

프리모 레비는 훌륭한 작가였죠. 내 첫사랑은 과학이었습니다. 솔직히 말하자면 처음으로 과학의 경이로움을 접했을 무렵에는 아직 예술과 시를 이해하지 못했고, 예술과 시가 인간의 정신에 얼마나 중요한지를 깨달을 만큼 성숙하지 못했지요.

— 과학과 예술의 경계는 어디일까요?

그 경계는 결코 명확하지 않습니다. 과학과 예술은 창조의 본질을 공유합니다. 그럼요, 과학도 단지 발견이 아니라 창조에 관한 학문입니다. 과학과 예술은 둘 다 정교한 솜씨를 가치 있게 여기고 서술이나 강도強度의 경제성을 중시합니다. 사람들의 관심을 불러일으키며 비슷한 미학적 원칙을 공유합니다. 또한 둘 다 대

화학은 쉽다, 인간답게 사는 것이 어렵다

상을 이해하고자 하는 욕구에서 비롯됩니다. 하지만 둘의 차이점도 있는데, 예술은 특정 대상에서 보편성을 발견합니다. 시인은 바로 '그' 풀잎 한 가닥의 '그' 이슬 한 방울에서 우주를 볼 수 있습니다. 그리고 예술은 모호함을 활용하는 법을 알려주는 반면, 과학은 모호하지 않은 문제들의 우주를 스스로 정의하며 여기에는 해결책이 있습니다. 어느 쪽이 더 중요할까요? 한번 말해보세요! 사랑의 종말에 대한 해결책이 있나요? 과연 그런 게 있기나 할까요?

— **만약 주기율표에서 원소를 하나 골라서 그 원소에 관한 이야기를 들려준다면 어떤 원소를 택하시겠습니까? 그리고 어떤 이야기를 들려주고 싶으신가요?**

규소를 고를 것 같습니다. 같기도 하고 같지 않기도 한 것을 보여주는 훌륭한 사례이기 때문입니다. 프리모 레비가 《주기율표》에서 '칼륨'을 다룬 부분에 이렇게 쓴 것처럼요.

나는 또 다른 도덕률을 떠올렸다…… 강성 화학자라면 누구나 이 말에 동의할 것이다. 즉 거의 같은 것(나트륨은 칼륨과 거의 같지만, 만약 나트륨이었다면 아무 일도 일어나지 않았을 것이다), 실질적으로 동일한 것, 유사한 것, '또는'이라는 단서가 붙는 것, 모든 대용품, 짜깁기한 것을 결코 믿어서는 안 된다. 그 차이가 미미하다 하더라도 판이하게 다른 결과를 초래할 수 있다. 기차의 선로분기점을 떠올려보기 바란다. 이러한 차이를 인지하고 면밀히 살피며 그 효과를 예상하는 것이 화학자가 하는 일의 상당 부분을 차지한다. 이는 화학뿐만 아니라 다른 분야에도 적용된다.

규소는 화학적 성질 면에서 탄소와 유사합니다. 그런데 이와 동시에 완전히 다르기도 합니다. 이산화탄소는 꼭 필요한 기체인 반면에 이산화규소는 석영입니다. 공상과학 팬들에게는 죄송한 말씀입니다만, 규소에는 본질적으로 생화학적 특성이 없습니다. 하지만 규소는 생물학적 진화가 아니라 문화적 진화의 세계에서 반격에 나섰습니다. IT는 탄소가 아니라 규소silicon에 기반을 두고 있으니까요.

— 컬럼비아 대학교와 하버드 대학교에서 학업과 연구를 마친 후에 이타카에 위치한 코넬 대학교로 오셔서 자리를 잡으셨습니다. 교수님의 노벨 강연 제목을 인용해보자면 평생 '무기화학과 유기화학 사이를 잇는 다리를 놓았을'[2]뿐만 아니라 가르치는 일도 즐기셨습니다. 은퇴하실 때까지 거의 매년 1학년을 대상으로 일반화학을 강의하셨는데요. 교수님의 커리어에서 가장 보람 있고 즐거운 부분이 후학 양성인가요?

화학은 쉽다, 인간답게 사는 것이 어렵다

하나만 고르기는 어렵고 연구와 강의 둘 다 나름대로 보람이 있지요. 다만 화학 개론 수업 덕분에 내가 연구자로서 한층 더 성장하고 발전할 수 있었던 것만은 분명합니다. 물론 예전에도 열역학의 아름다운 미분 방정식들에 대해 속속들이 알고 있었지만, 그런 방정식을 사용하지 않고서도 열역학을 설명할 수 있게 된 후에야 비로소 열역학을 제대로 이해하게 되었습니다. 강의를 하면서 다양한 사람들에게 사물을 설명하는 법을 배웠지요. 아무것도 모르는 사람, 모든 것을 다 아는 사람, 그리고 그 사이에 있는 모든 이들에게요. 내 이론 활동의 청중 역시 마찬가지입니다. 이론은 설명이 가장 중요하거든요. 강의 활동은 상당히 많은 것을 배울 수 있는 계기가 됩니다.

— 교수님은 학문적 성취뿐만 아니라 과학 커뮤니케이터로서의 역량도 매우 뛰어난 분이십니다. TV 시리즈 〈화학의 세계The World of Chemistry〉와 뉴욕시의 코넬리아 스트리트 카페에서 열리는 〈즐거운 과학Entertaining Science〉 행사 등 다양한 활동에 참여하고 계신데요. '간단한' 질문을 드려보겠습니다. 화학이란 무엇일까요?

화학은 물질과 물질의 변화에 관한 기술, 일, 과학입니다. 거시적인 관점에서 본다면 그렇습니다. 또한 분자와 분자의 변화에 관한 기술, 일, 과학이기도 합니다. 미시적인 동시에 거시적인 차원에서 사물을 관찰하지요.

— 화학의 아름다움과 아름다움의 화학, 어느 쪽을 정의하기가 더
쉬울까요?

아름다움에 화학이 존재하는지는 잘 모르겠습니다. 여배우를 더
욱 아름답게 꾸며주는 화장품에 어떤 성분이 들어가는지를 가리
키는 게 아니라면요. 아마도 화학의 아름다움이 더 쉬울 것 같습
니다.

— 아테네의 파르테논 신전과 바르셀로나의 구엘 공원, 이 둘 중
에서 화학은 어느 쪽에 더 가까울까요?

그야 당연히 구엘 공원이지요. 공원 내부의 복잡한 패턴들과 어
느 쪽에서든 각기 다른 입구를 봐도 그렇고요. 그 안에서 산책하
는 사람들도 있고 뛰어노는 아이들도 있고, 다목적으로 쓰입니
다. 그게 바로 삶이에요. 반면에 파르테논 신전은 고전적인 아름
다움을 지니고 있습니다. 단순한 형태로 이루어져 있지요. 다만
신전 안에 있던 금과 상아로 된 아테나 여신상은 그렇게 단순한
모습이 아니었습니다. 오늘날 파르테논 신전은 우리에게 다른
감정들을 불러일으킵니다. 파괴된 모습의 현 상태에 대한 슬픔

과 역사의식 같은 것들 말입니다.

—  스톡홀름에서 노벨상 수상을 알리는 전화가 걸려왔을 때 무엇
   을 하고 계셨습니까? 그 소식을 들었을 때 교수님의 반응은 어
   땠나요? '그 전화'가 올 거라고 어느 정도 짐작하셨습니까?

과학 분야에서 노벨상은 결코 깜짝 놀랄 만한 의외의 일이 아
닙니다. 물론 놀라운 일이기는 하지만 아마도 사람들이 생각하
는 이유 때문은 아닐 것입니다. 과학계에는 논문을 통해서 훌륭
한 성과를 인정하고 승인하는 시스템이 잘 갖춰져 있습니다. 따
라서 의외의 깜짝 수상 같은 것은 없습니다. 연구에 관한 논문을
발표하면 1년 안에 학계에서 반응이 옵니다. 노벨상을 받을 만
큼 중요한 연구 성과라는 사실을 알게 되지요. 하지만 실제 선정
과정에는 운이 작용한다는 점도 깨닫게 됩니다. 몇몇 스웨덴 동
료들의 타당한 의견에 따라 결정되니까요. 다시 말하자면 이렇
습니다. 매년 노벨상 수상자가 발표되기 전에 친구와 동료들은
내게 누가 수상할 것 같냐고 물어봅니다. 그러면 나는 다섯 개
분야와 학자 열 명의 이름을 말해줍니다. 지난 30년간의 예측 결
과를 살펴보면 10년에 한 번은 수상자를 알아맞혔습니다. 내 분
야는 충분히 잘 알고 있으니까요. 결국 그 말은 노벨 화학상을
받을 자격이 충분한 사람이 열 배는 더 많다는 뜻입니다. 그러니
운이 작용하는 것이지요.

보통 스웨덴의 신문사로 수상 소식이 먼저 흘러나와서 수상자에게 연락이 오는데, 후쿠이 겐이치와 내가 노벨상 수상자로 선정된 해에는 그렇지 않았습니다. (나의 동료인 로버트 번스 우드워드가 살아 있었다면 분명히 공동 수상자가 되었을 텐데, 안타깝게도 우리가 노벨상을 수상하기 바로 2년 전에 세상을 떠났습니다.) 어쩌면 호프만이라는 성을 가진 다른 사람에게 연락했을지도 모르지요. 어찌 됐든 그때 나는 차고에서 자전거 타이어를 고치고 있었습니다. 라디오를 틀어놓았는데 오전 9시 뉴스에서 수상 소식을 들었습니다. 그 소식을 듣자마자 바로 달려가서 어머니께 전화를 드렸어요. 이제 곧 전화 통화가 불가능한 상황이 될 테니까요.

— 교수님은 미래 세대의 과학자들에게 어떤 조언을 건네고 싶으신가요?

젊은 과학자들에게는 과학에만 지나치게 몰두하지는 말라는 조언을 하고 싶습니다. 과학에 마음이 이끌리는 것은 당연하겠지만 절제하지 않는다면 과학에 매몰될 수도 있기 때문입니다. 인문학과 예술, 그리고 외국어 강의를 최대한 많이 들어두길 바랍니다. 인문학이 인생의 여러 문제에 딱 들어맞는 명확한 해답을 알려주지는 않습니다. 하지만 적어도 질문을 던지며 인간 존재에 관한 가장 중요한 질문들은 과학으로는 답할 수 없다는 사실

화학은 쉽다, 인간답게 사는 것이 어렵다

을 깨닫게 해줍니다. 그런 겸손함과 공감하는 마음, 인간적인 호의가 나름의 역할을 합니다.

아, 한 가지 덧붙이자면 여건이 다소 여의치 않더라도 글을 쓰고 목소리를 낼 기회를 결코 놓치지 않길 바랍니다. 오로지 두뇌에만 의존해서 잘해나갈 수 있는 사람들은 0.5퍼센트에 불과합니다. 그 외의 사람들은 가르치고 설명하고 글을 쓰고 목소리를 내서 자신의 주장이 타당하다는 것을 다른 이들에게 설득해야 합니다.

— 인공 대 자연, 간단함 대 복잡함, 정체 상태 대 역동성. 오늘날의 화학과 미래의 화학은 이 세 가지 대립항과 어떤 연관성이 있을까요? 그리고 이 세 가지를 어떻게 다룰까요?

앞으로도 화학은 자연과 비非자연의 경계를 혼란스럽게 만들고 뒤섞어버릴 것입니다. 더욱 간단해지지도 않을 겁니다. (정치인들을 비롯해서) 세상이 단순해지기를 바라는 공상가들이나 그런 생각을 하겠지요. 그리고 우리는 미시적인 측면에서 화학반응의 세부 사항을 알 수 있게 될 겁니다.

— 향후 50년간 주기율표에 실리게 될 원소들이 몇 개나 될지, 어떤 원소들이 등장할지 예측할 수 있을까요?

예측이 가능하기는 합니다만 그런 새로운 원소들은 따분하고 쓸모없을 겁니다. 실례지만 스테파노 씨는 자녀가 있나요?

— 아직 없습니다.

그래도 아이들이 레고 블록을 어떻게 가지고 노는지는 아시지요? 만약 내일 새로운 레고 블록을 아이들에게 준다고 가정해봅시다. 그런데 이 블록은 받자마자 100만 분의 1초 만에 사라져버리고, 방사성을 띠며, 만들어지는 원자의 수가 반드시 100만 개 이하인 겁니다. 그러면 과연 아이들이 그 새로운 블록으로 뭔가 새로운 것을 만들어낼 수 있을까요? 중요한 건 블록이나 원자 그 자체가 아니라 그런 것들로 아이들이 만들어내는 드래곤과 성, 자동차에 해당하는 분자입니다.

— 우리는 이 책의 서두이자 긴 여정의 초입에 서 있습니다. 앞으로 발견될 미지의 세계를 두 문장으로 말씀해주시겠습니까? 향후 50년간 과학자들은 어떤 질문들에 대한 답을 찾아내야 할까요? 차기의 돌파구는 어디에서 나올까요?

이런, 스테파노 씨! 그러면 앞으로 어떤 주식에 투자해야 할지, 월드컵에서 어느 팀이 우승할지도 알고 싶으신가요?

화학은 쉽다, 인간답게 사는 것이 어렵다

— 이탈리아가 우승했으면 좋겠습니다!

나도 이탈리아를 응원합니다! 기억의 메커니즘부터 2차원 및 3차원으로 폴리머를 만들어내는 방법에 이르기까지, 앞으로 탐구해야 할 수많은 미지의 영역이 남아 있습니다. 향후 50년 안에 과학자들은 지금보다 섬유의 강도를 더욱 높일 수 있는 최선의 방법을 찾아내야 할 겁니다. 아울러 환경과 인간을 오염시키지 않는 친환경적인 방법이어야 합니다.

— 이 책에서는 앞으로 과학과 관련된 여러 가지 주제를 다룰 예정입니다. '무엇'뿐만이 아니라 '어떻게'에 관해서도 논의할 생각입니다.

차기의 돌파구는 전 세계의 젊은 사람들에게서 비롯될 것입니다. 국가와 지역을 막론하고 자신의 분야에서 세밀하고 치열하게 연구하며, 동시에 다른 모든 것을 최대한 접하려 하는 사람들 말입니다. 물리학과 마찬가지로 윤리학도 인간이 발명해낸 것이라는 사실을 이해하는 젊은이들이 돌파구를 찾아낼 것입니다. 나는 그런 젊은이들의 눈을 반짝이게 만드는 게 좋아요.

— 그 말씀은 어떤 의미일까요? 미래 세대가 주기율표의 화학뿐만

아니라 사람들 간의 화학작용도 잘해낼 거라고 확신하신다는 뜻인가요?

미래의 화학자들은 화학 그 너머를 바라볼 수 있기를 바랍니다. 당연히 미래의 화학은 지금 우리의 화학보다 더 낫겠지요. 여기에는 의심의 여지가 없습니다. 화학반응을 더욱 정밀하게 제어하고, 순식간에 분자의 미시적 구조를 파악하는 능력도 훨씬 더 향상되겠지요. 하지만…… 그들이 더욱 노력해야 할 부분은 인생의 도덕적, 사회적, 예술적 측면을 이해하는 것입니다. 교육만으로는 도움이 되지 않을 수도 있습니다. 화학은 쉬워요. 인간답게 사는 것이 어렵죠.

화학은 쉽다, 인간답게 사는 것이 어렵다

### Chapter 2

# 휴가지에서 찾아온 발견

피터 아그리
Peter Agre

---

인생은 점차 펼쳐지고 밝혀지는 과정이며
더 멀리 갈수록 더 많은 사실을 이해할 수 있게 된다.
지금 우리 앞에 있는 사물을 이해하는 것이
저 너머에 있는 사물을 이해하기 위한 최선의 준비다.

• 히파티아 •

—

—    피터 아그리 교수님은 1949년 1월 30일 미네소타주 노스필드
에서 태어나셨습니다. 어린 시절에 교수님은 어떤 학생이었나
요?

학창 시절을 보낸 1960년대에는 베트남 전쟁, 소련 및 중국과의
관계 등 지정학적 문제들에 골몰했습니다. 북아메리카 인디언의
문화에도 관심이 많았죠. 야외 활동으로는 대자연 속에서 카누
를 타는 것과 크로스컨트리 스키를 가장 좋아했습니다. 친구들
과 함께 지하신문을 펴내기도 했는데 정말 재미있었습니다. 가
끔 징계를 받기는 했지만요. 그다지 전형적인 모범생은 아니었
습니다. 관심이 있는 분야에서만 재능을 발휘했죠. 여름에 러시
아와 동유럽으로 캠핑 여행을 다녀온 후에 고등학교를 그만뒀
어요. 대학에 들어갈 만한 배경 지식을 충분히 갖추었기 때문입
니다. 어떤 과목들은 고등학교 때 끝까지 이수하지 못했어요. 그
결과 화학 성적이 D였습니다. 대학에 입학해서야 화학에 집중했
고 그때는 아주 잘해냈어요.

—    대학 입학 전에 야간학교에 다니셨는데요, 그 시절은 어땠나요?
혹시 당시에 주경야독을 하셨나요?

고등학교 졸업장을 받으려면 반드시 영어, 정부론 등 일반 과목
을 이수하고 학점을 따야 했습니다. 실제 학문 수준은 평이했기

때문에 단지 형식 요건을 갖추기 위해서 몇 주 동안 야간학교에 다녔던 거죠. 학창 시절에는 화물 트럭을 운전하는 아르바이트를 했습니다. 돌이켜보면 내 인생의 암울한 시기였고, 그 시기를 거치면서 훨씬 더 큰 일을 이루어내고 싶다는 열망이 커졌습니다.

— 그 후에 미니애폴리스의 옥스버그 대학교에 입학하셨는데, 교수님의 아버님께서 재직 중인 학교였습니다. 아버님이 근무하는 대학에 다니는 건 어땠나요? 아버님의 강의를 직접 들으셨나요?

아버지는 훌륭한 화학 교수였고 옥스버그에서 꽤 저명한 학자였습니다. 1학년 때 아버지의 일반화학 강의를 들었죠. 그때는 학업 성적이 아주 좋은 편이었지만 그렇다고 내가 가장 뛰어난 학생은 아니었습니다. 어딜 가든 항상 아버지의 평판이 꼬리표처럼 따라다녔기 때문에 때로는 부끄럽기도 했습니다. 그래서 얼른 다른 기관으로 가서 의학 공부를 하고 싶었습니다. 바로 존스홉킨스였죠.

— 노벨 화학상과 노벨 평화상을 둘 다 수상한 라이너스 폴링Linus Pauling이 아버님의 친구였습니다. 그분과의 만남을 기억하시나요? 그분의 어떤 모습을 기억하고 계신가요?

폴링과 아버지는 미국 화학회American Chemical Society의 교육 분과 위원회에서 함께 일했습니다. 정말 흥미롭고 멋진 분이었지요. 1962년 노벨 평화상을 수상한 후에 강연차 미네소타에 오셨을 때 우리 집에서 며칠간 묵으신 적도 있습니다. 유쾌하고 솔직하고 유머 감각이 뛰어난 분이었어요. 우리 형제자매들에게 학교에서 배우는 과목들에 관해 물어보시기도 했지요. 당시 다섯 살이었던 남동생 마크에게 오늘은 유치원에서 어떤 걸 배웠냐고 물어보셨는데 '배운 게 없는데요'라는 대답을 듣고 진짜 즐거워하셨죠.

— 청소년 시기, 그리고 성인이 된 이후에 어떤 점에서 라이너스 폴링이 멋지다고 생각하셨나요?

참 다정하고 활달한 분이었어요. 노벨상을 받은 저명한 과학자를 만나서 나도 형제자매들도 모두 흥분했죠. 우리뿐만 아니라 미니애폴리스의 수많은 시민도 그분에게 큰 감명을 받았습니다. 나중에 의학 분야를 공부하면서 그분이 화학과 의학에 지대한 공헌을 하셨다는 사실을 깊이 깨달았습니다. 또한 대기 중 핵무기 실험을 종식한 국제 핵실험 금지 조약Test Ban Treaty을 성사시키는 데 핵심적인 역할을 하셨다는 것도 알게 되었습니다.

휴가지에서 찾아온 발견

— 교수님은 1970년에 몇 달간 아시아 전역을 여행하셨습니다.
 그 여행에서 특히 기억에 남는 일이 있나요? 어디를 방문하셨
 는지요? 그 여행은 교수님의 인생에 어떤 의미가 있었나요?

혼자서 배낭을 둘러메고 한정된 여비로 동아시아, 동남아시아,
남아시아, 중동 등지를 여행하면서 자급자족하는 법을 배웠고,
그곳의 삶을 몸소 경험하는 드물고 값진 기회를 얻었습니다. 그
지역의 여러 나라에서 농촌과 도시의 빈곤층이 어떤 어려움을 겪
고 있는지를 직접 목격했습니다. 그런 경험을 통해 인간적으로
더욱 성숙해졌고 세계 보건 분야에서 일하고 싶은 열망이 더욱
커졌습니다. 아울러 이 세상이 얼마나 경이로운지, 그리고 물질
적인 부가 얼마나 무의미한지를 깨달았습니다.


— 자녀들이 태어났을 때 온 가족의 생계가 교수님의 급여에 달려
 있었습니다. 그래서 추가로 수입을 얻기 위해 복싱 경기장의 의
 료진으로 일하신 적도 있지요.

복싱 경기는 잔혹했지만 그곳에서 만난 사람들은 정말 놀라웠
습니다. 그때까지 전혀 알지 못했던 세계를 직접 경험하는 계기
가 되었습니다. 예전에 챔피언에 등극했던 유명한 선수들도 만
났지만, 불우한 가정환경에서 자란 수많은 젊은 파이터가 불
과 200달러밖에 안 되는 상금을 받기 위해 영구적인 부상을 당

할 위험을 감수하면서까지 경기에 나서는 모습도 지켜보았습니다. 나이가 지긋한 흑인 신사였던 맥 루이스와도 친해졌는데, 사비를 들여 젊은 파이터들을 위한 체육관을 운영하는 분이었습니다. 대다수 선수들이 가족의 지원을 전혀 받지 못했는데, 그분은 그들에게 아버지 같은 존재가 되어주었습니다. 맥은 젊은이들에게 규율을 가르쳐주었습니다. 매일 새벽 6시에 기상해서 달리게 했지요. 그리고 오후에 아이들이 체육관에 와서 복싱 훈련을 시작하기 전에 먼저 학교 숙제는 다 했는지 직접 확인했습니다. 그렇게 키워낸 복싱 선수 중에는 세계 챔피언이 된 사람도 있었습니다. 하지만 내 생각에 그는 대학에 진학해 링 밖에서 큰 성공을 거둔 선수들을 가장 자랑스러워했던 것 같습니다.

— 교수님의 인생에서 가장 힘겨웠던 순간은 언제였을까요? 어떻게 그 시기를 견뎌내셨습니까?

셋째 아이가 아주 어린 나이에 세상을 떠났을 때가 가장 힘들었습니다. 지혜롭고 사랑이 넘치고 강인한 아내 덕분에 가족이 함께 그 시기를 버텨낼 수 있었습니다. 그 이후에 우리 가족은 사이가 더욱 돈독해졌습니다.

— 혹시 그 시기에 과학 연구를 접을 생각도 하셨습니까?

휴가지에서 찾아온 발견

솔직히 말하자면 그때는 모든 것에 회의를 느꼈습니다. 하지만 돌이켜보면 연구 덕분에 내가 고독 속에서 지낼 수 있었고 목적의식을 가질 수 있었던 것 같습니다. 그때 몇 년간 작은 연구실의 프로그램을 꾸려나갈 수 있어서 정말 다행이었습니다. 몇 가지 발견도 이루어냈지요.

— 매년 각기 다른 국립공원을 방문하는 것이 교수님 가족의 전통이라고 들었습니다. 1991년에는 자녀분들이 디즈니 월드를 택했지요. 그 후 2003년에 교수님은 '세포막 통로에 관한 발견', 더 정확히 말하자면 아쿠아포린[3]이라고 불리는 '수분 통로의 발견'으로 노벨 화학상을 수상하셨습니다. 이 두 가지 사실은 어떤 관련이 있을까요? 교수님이 발견하신 것에 대해서 간략하게 설명해주시겠습니까?

1980년대 후반에 우리는 Rh- 혈액형 임신부의 태아에게 용혈성 질환을 일으키는 적혈구 혈액형 항원을 연구했는데, Rh 단백질을 정제하는 과정에서 우연히 조금 더 작은 폴리펩티드를 분리해냈습니다. 그런데 이 폴리펩티드가 어떤 기능을 하는지는 알 수 없었습니다. 수많은 과학자에게 물어보았지만 아무도 도움을 주지 못했고 우리는 상당한 좌절감을 느꼈습니다. 그러다가 정말 뜻밖의 계기로 더 작은 단백질의 기능을 알아낼 수 있었습니다. 우리 가족은 아이가 네 명이라서 매년 휴가 때마다 국립공원으로 캠핑 여행을 갔습니다. 아이들은 그런 여행을 정말 좋아했어요. 어느 해에는 다음 여름방학 때 어느 국립공원에 가고 싶냐고 물었더니 모두 '디즈니 월드'를 외쳤습니다. 그래서 플로리다에 있는 에버글레이즈 국립공원에 갔다가 같은 주에 있는 디즈니 월드에도 갔습니다. 다시 볼티모어로 돌아가려면 이틀 동안이나 장거리 운전을 해야 해서, 가는 길에 노스캐롤라이나 주의 채플힐에 들렀습니다. 예전에 나의 멘토였던 노스캐롤라이나 대학교의 존 파커 교수님이 그곳에 살고 계셨기 때문입니다. 그분과 이야기를 나누다가 적혈구와 세뇨관細尿管에서 흔히 발견되고 식물에 상동기관相同器官이 존재하는 새로운 단백질을 찾아냈는데, 그 단백질이 어떤 기능을 하는지 모르겠다고 말했습니다. 교수님은 몸을 뒤로 기대고 웃으시더니 말씀하셨습니다. 어쩌면 그 새로운 단백질은 무려 한 세기가 넘는 세월 동안 생리학자들이 그토록 찾아 헤맸던 세포막 수분 통로일지도 모른다고요. 교수님께 그 이야기를 들은 순간은 결코 잊지 못할 겁니다. 볼티모어로 돌아온 후에 예전에 파커 교수님의 제자였던 빌 구지노와 함께 수분 수송에 관한 실험을 해봤는데, 이 단백질의 투수성透水性이 매우 높다는 사실을 확인할 수 있었습니다. 모두 우연과 가족 휴가 덕분이라 생각합니다. 정말 감사할 따름입니다!

— 아쿠아포린이라는 이름은 어떻게 생각해내셨나요? 어디에서 비롯한 명칭인가요?

휴가지에서 찾아온 발견

1992년 미국 임상연구학회American Society for Clinical Investigation 연례 회의에서 우리가 새로 발견한 수분 통로에 관해 처음으로 대중 강연을 하게 되었습니다. 강연을 앞두고 맥주를 곁들인 점심 식사 자리에서 우리 연구팀과 몇몇 동료들이 이야기를 나누었는데, 이 단백질의 기능에 적절한 이름을 붙여줄 필요가 있다는 말이 나왔지요. 보통 단백질의 이름은 라틴어나 그리스어에서 유래된 경우가 많아서 우리도 여러 가지로 조합해봤습니다. 그중에서 '아쿠아포린'이라는 이름이 딱 맞는 것 같았어요. 이탈리아에서 온 박사후연구원에게 물어보니 실제로 이 단어가 이탈리아어로 물이 지나가는 통로를 가리킨다고 했습니다.


— 교수님은 실험을 실시하는 도중에 그 결과를 공개적으로 논의하고 동료들과 공유하신 적이 종종 있습니다. 혹시 다른 사람이 교수님의 아이디어를 훔치거나 논문 발표 경쟁에서 교수님을 이길까 봐 걱정되지는 않으셨나요?


과학자로서 우리가 새로운 발견을 하기 위해서는 본인의 한계를 넘어서는 통찰력이 필요한 경우가 많습니다. 만약 우리가 28kDa[아쿠아포린 단백질](kDa는 단백질의 분자량을 나타내는 단위임—옮긴이)에 대한 호기심을 비밀로 했다면 이 단백질이 수분 통로 역할을 한다는 사실을 밝혀내지 못했을 겁니다. 하지만 이 사실이 발견되자 다른 여러 집단이 관련 연구에 뛰어들었기 때문에 우리는 신속하고 효율적으로 연구를 진행해야만 했습니다.


— 스톡홀름에서 전화가 걸려왔을 때 무엇을 하고 계셨나요?

스톡홀름은 볼티모어보다 여섯 시간 빠릅니다. 이곳 시간으로 새벽 5시 반에 전화가 걸려왔으니까 그때는 자고 있었죠. 수상 소식을 듣고 기쁜 마음으로 달려가 샤워를 했고 아내 메리는 미네소타에 계신 내 어머니께 전화를 드렸습니다. 화학 교수였던 아버지는 이미 8년 전에 돌아가셨고 시골 출신인 어머니는 혼자 살고 계셨습니다. 어머니는 이렇게 말씀하셨어요. "얘야, 정말 기쁜 일이구나. 그래도 너무 자만하지는 말라고 피터에게 전해주렴." 진솔하고도 실용적인 조언이었죠.


— 볼티모어 이야기로 다시 돌아오겠습니다. 크리스챤 디올의 대표단이 교수님의 연구실을 방문한 적이 있습니다. 어머님이 무척 자랑스러워하셨지요?

몇 년 전 크리스챤 디올의 임원들이 연구실로 찾아와 파리에서 강연을 해달라고 초청했습니다. 그 회사에서 일하는 화학자들이 햇빛에 노출된 피부에서 아쿠아포린 3$AQP3$의 발현을 유도하는 저분자물질을 발견했습니다. 이를 토대로 새로운 스킨케어 제품 라인을 개발했는데 50그램짜리 한 통에 약 50유로나 할 정도로 고가의 제품이었죠. 우리 연구실에 얼마간의 재정 지원을 하겠다고 제안했는데 내가 거절했습니다. 그러면 강연을 할 때마다 항상 그 회사의 이름을 언급하고 감사를 표시해야 하니까요. 파리에서 강연했을 때는 많은 사람이 참석했고 재미있는 시간을 보냈습니다. 나중에 프랑스의 어느 뷰티 잡지 뒷면에 젊은 금발 여성의 볼에 물방울이 흐르는 장면과 크리스챤 디올 제품의 사진이 실린 것을 보았습니다. '놀라운 효과', '2003년 노벨 화학상'이라는 문구가 적혀 있었죠. 그 사진을 보여드리자 대학 문턱에도 가보지 못한 순박한 시골 소녀였던 우리 어머니께서 웃으면서 이렇게 말씀하셨어요. "네가 드디어 뭔가 쓸모 있는 일을 해냈구나!"

— 노벨상을 받으신 후에는 가장 처음으로 의학에 열정을 갖고 연구하셨던 혈액학 분야로 돌아오셨습니다. 아프리카 남부에서는 어떤 일을 하고 계십니까? 1년 중 몇 개월을 그곳에서 보내시나요?

세계 보건 분야에 관심이 있었던 덕분에 새로운 기회를 얻었습니다. 우리 연구실의 활동을 아쿠아포린의 생화학적 연구에만 한정 짓는 대신에 존스홉킨스 말라리아 연구소의 소장직을 수락했습니다. 소장 업무의 일환으로 매년 2~3개월간 잠비아 및 짐바브웨의 농촌 지역에서 현장 조사팀과 함께 지내면서 일하고 있습니다. 그게 나에게는 최고의 시간입니다.

— 아프리카에서 말라리아를 확실히 퇴치하기 위해서는 앞으로 어떤 노력이 더 필요할까요? 어떤 전략과 접근법을 활용해야 할까요? 언제쯤 이런 목표를 달성할 수 있을까요?

지금까지 말라리아는 언제나 최빈국들이 겪는 고질적인 문제였습니다. 세계보건기구WHO의 통계에 따르면 말라리아로 인한 전세계 사망자의 대다수는 사하라 이남 아프리카의 어린이들입니다. 그동안 후원국 및 잠비아를 비롯한 몇몇 아프리카 국가들의 투자 덕분에 말라리아를 신속하게 진단하고 치료할 수 있는 역량이 향상되었고, 말라리아 전염을 예방하기 위한 노력도 배가되었습니다. 그 결과 상황이 상당 부분 호전되었습니다.

그런데 안타깝게도 일부 국가에서는 극심한 빈곤과 정치적 불안, 부패 때문에 공공 보건 활동의 효과가 감소했습니다. 나이지리아, 콩고민주공화국 등 극빈층 비율이 매우 높은 국가에서 말라리아를 억제하고 퇴치하려면 장기간에 걸쳐 어마어마한 노력을 들여야 할 것입니다. 효과적인 백신과 신약 등 더 나은 수단이 필요합니다. 아울러 기존의 전략을 더욱 효율적으로 활용해야 합니다.

—　　아쿠아포린과 말라리아가 서로 관련이 있습니까?

말라리아 기생충을 포함한 모든 생명체에는 아쿠아포린이 있습니다. 우리 연구실은 기생충 감염 시 적혈구 단계에서 독성이 완전히 발현되려면 기생충 자체에 존재하는 아쿠아글리세로포린이 필요하다는 것을 밝혀냈습니다.

—　　교수님의 향후 목표와 계획은 무엇입니까?

유감스럽게도 지금은 파킨슨병으로 인한 건강상의 문제를 겪고 있습니다. 또한 척추관절염 탓에 활동에 제약이 있습니다. 하지만 나의 궁극적인 목표는 아프리카의 말라리아 퇴치에 기여하는 것입니다. 그리고 과학을 통해 얻은 기회를 활용하여 쿠바, 이란, 북한 등지에 방문해서 전 세계에 문호를 개방할 수 있도록 돕고 싶습니다. 그동안 우리는 여건이 허락할 때마다 이들 국가의 젊은 과학자들을 린다우로 초청해서 글로벌 과학 커뮤니티에 참여할 기회를 제공했습니다.

—　　미래 세대의 과학자들에게는 어떤 조언을 건네고 싶으신가요?

젊은 과학자들의 연구를 지원하고 격려하는 것이 나처럼 연륜 있는 과학자들의 몫이라면, 젊은 과학자들은 새로운 발견을 해낼 수 있는 에너지와 번뜩이는 창의력을 지니고 있습니다. 과학 분야의 커리어를 통해 대단한 모험을 할 수 있고, 과학적 발견의 혜택은 모든 사람에게 돌아갑니다.

— 2008년에 미네소타주 상원 의원에 출마할 예정이셨는데 결국에는 출마하지 않기로 결정하셨습니다. 그 이유는 무엇입니까?

내가 2008년 상원의원 선거에 관심을 갖게 된 이유는 두 가지입니다. 우선 현직 의원이 점차 보수적인 색채를 드러냈고 미네소타주 사람들이 그를 싫어했습니다. 상원에는 과학 및 임상 분야의 자격을 갖춘 진보적인 인물이 없었어요. 그런데 선거 활동에 막대한 자금이 필요하다는 생각을 하니 승산이 없어 보였습니다. 마침 그 무렵에 존스홉킨스 말라리아 연구소의 소장직을 맡아달라는 제의가 들어왔어요. 탄탄한 재정 지원을 받을 수 있고, 맡은 일에서 성공을 거둘 수 있는 훌륭한 기회라고 생각했습니다.

— 과학 분야의 노벨상 수상자들이 국회에서 활동하며 입지를 확보한 경우가 전 세계적으로 상당히 드문 이유는 무엇일까요? 정치 활동이 정책 입안에 직접적인 영향을 미치는 데 더 나은 방법일까요?

내가 아는 바로는 과학 분야 노벨상 수상자 중에 국회에서 활동하는 사람은 없는 것 같습니다. 하지만 노벨상 수상자가 아니더라도 국가 발전에 상당히 기여한 사람들이 있습니다. 예를 들어 앙겔라 메르켈은 물리화학 박사학위 소지자이며 글로벌 기후 변화 등 과학 관련 이슈들에 대한 이해도가 높습니다. 나는 린다우 회의에 참석한 학생들이 훗날 자국의 리더가 될 거라고 믿습니다.

— 만약 교수님이 미국 대통령이라면 과학 분야에서 어떤 안건을 우선순위에 두시겠습니까? 그리고 어떻게 정책을 이행하시겠습니까?

과학을 정부의 핵심 과제로 추진하고 상당한 성공을 거둔 과학자들을 국가 요직에 임명할 것입니다. 오바마 대통령이 [1997년 노벨 물리학상 수상자인] 스티븐 추Steven Chu를 에너지부 장관에 임명하고 [미국 과학진흥회American Association for the Advancement of Science 회장을 지낸] 존 홀드런John Holdren을 과학 자문관에 임명한 것처럼요.

— 혹시 교수님이 과학 및 외교 분야에서 일하시게 된 것에 라이너스 폴링이 의식적으로나 무의식적으로 영향을 미쳤을까요?

폴링은 위에서 말한 분야들뿐만 아니라 다른 면에서도 영향을 주었습니다. 그는 겸상적혈구 헤모글로빈을 비롯해 중요한 발견을 수도 없이 해낸 천재였습니다. 또한 과학을 위해서 줄기차게 목소리를 내고 미국 정부에 진실을 알렸습니다. 정부에서 달가워하지 않더라도 말입니다.

휴가지에서 찾아온 발견

### Chapter 3

# 예술과 과학은
# 서로 통한다

**리하르트 에른스트**
Richard R, Ernst

---

하늘을 날아보기 전에는
진정한 인생을 살았다고 할 수 없다.

• 베시 콜먼 •

— 리하르트 에른스트 교수님은 스위스의 빈터투어에서 태어나고 자라셨습니다. 당시에 자선가 베르너 라인하르트와 지휘자 헤르만 셰르헨이 오늘날 무지크콜레기움 빈터투어로 알려진 현지 교향악단을 최정상급 수준으로 끌어올렸습니다. 교수님은 클라라 하스킬, 이고리 스트라빈스키, 파블로 카살스를 비롯한 역대 가장 훌륭한 연주자들의 라이브 연주를 즐겨 들으셨습니다. 음악은 교수님의 삶에 어떤 역할을 했나요? 혹시 작곡가나 지휘자를 꿈꿔본 적이 있으신가요?

그럼요, 그게 내 꿈 중 하나였지요. 나에게 친숙한 환경에서 존경받는 사람이 되고 싶었습니다. 그때는 과학에 대해 잘 몰랐고 과학과 관련된 목표도 없었습니다. 음악이 사람들에게 존경받고 인정받기에 적합한 매개체라고 생각했습니다.


— 그러면 교수님은 언제, 어디서부터 화학의 매력에 푹 빠지게 되셨나요?

1944년의 일이었는데, 19세기에 지어진 우리 집 다락에서 우연히 화학약품이 잔뜩 들어 있는 상자를 발견했습니다. 그게 화학에 매료되는 계기로 작용했어요. 1923년에 돌아가신 친척의 유품이었지요. 장난기가 발동해서 다양한 실험을 했고 뜻밖의 결과가 일어나기를 바라기도 했습니다. 다행히 우리 집도 나도 겨우 살

예술과 과학은 서로 통한다

아남긴 했지만, 나 때문에 어머니가 많이 놀라셨죠.


— 어린 시절에 한 실험 중에서 기억나는 것이 있으신가요?


강한 산성 물질을 이용해서 좀처럼 녹지 않는 '끈질긴' 광물과 물질을 용해하는 실험을 했습니다. 고체 수산화나트륨과 물을 혼합해서 저절로 끓어오르게 만들기도 했지요. 열에 민감한 유기화합물을 검은 연기가 날 때까지 가열하다가 방에서 대피한 적도 있었습니다. 집 지하실에 직접 만든 후드를 설치하기는 했지만, 너무 작아서 실험에서 발생한 배기가스를 모두 빨아들이기에는 역부족이었습니다. 생명의 위협을 느껴 위층에서 대피한 적도 여러 번 있었죠. 그런 경험을 통해 화학이 나보다 더 강하다는 사실을 깨달았고 자연의 위력에 경외심을 갖게 되었습니다.


— 음악과 화학의 공통점은 무엇일까요?


둘 다 놀라움과 의외의 흥분을 선사하지요. 내가 없었다면 존재하지 않았을, 이전에는 존재하지 않았던 세계를 만들어낼 수 있었습니다. 마치 '창조주'가 된 것 같은 기분이 들었죠. 음악을 작곡하는 것은 예상치 못한 결과를 일으키는 새로운 화학반응을 발견하는 것만큼이나 창의적인 활동입니다. 두 영역 모두 오로지 나만의 세계에서 새로운 흥분을 찾아낼 수 있었어요.

— 1962년 박사과정을 마치실 무렵에 교수님은 '아무도 관심을 갖고 지켜봐주지 않는데 혼자 높은 줄 위에서 균형을 잡는 곡예사가 된 것 같다'[4]고 말씀하신 적이 있습니다. 지도교수였던 한스 프리마스Hans Primas와 함께 새로운 핵자기공명NMR, nuclear magnetic resonance 장치를 개발했지만 제대로 작동하지 않았고 그 장치를 생산한 회사는 폐업했습니다. 그리고 1991년에 교수님은 노벨상을 수상하셨습니다.

나는 항상 외톨이 같은 기분이 들었습니다. 야심 찬 목표가 있었지만 과연 실제로 달성할 수 있을지, 더욱 폭넓은 관점에서 볼 때 그런 목표가 합당한지 알지 못했습니다. 내 직업에는 수많은 위험 요인이 존재했고 언제 실패하더라도 전혀 이상하지 않았습니다.

— 그 28년의 세월 동안 핵심적인 터닝 포인트는 어떤 것들이 있었습니까?

하나씩 실험이 성공할 때마다 자신감이 커졌습니다. 그 과정에서 내가 연구하는 분야가 의미 있고 과학의 보편적 지식에 기여

예술과 과학은 서로 통한다

할 수 있겠다는 확신을 갖게 되었습니다.


— 교수님과 쿠르트 뷔트리히Kurt Wüthrich는 한때 과학연구소 건물
의 가장 높은 층에서 사셨습니다. 쿠르트 뷔트리히도 훗날 노
벨상을 수상했지요. 더 많이 일하고 서로 교류하기 위해서 그
렇게 하신 건가요? 아니면 다른 이유가 있었을까요?

우리 연구소에 공간이 부족했던 게 주된 이유였지요. 교류나 협
력을 늘리기 위해서라기보다는요.


— 스톡홀름에서 열린 연회에서 연설하실 때 교수님은 역대 노벨
상 수상자들이 시상식에 참석한 모습을 보니 《닐스의 모험Nils
Holgersson's tales》에서처럼 '진정으로 위대한 과학자들이 마치
기러기 떼가 되어서 나를 실어 나르는 듯한[5] 기분이 들고 하늘
에서 떨어질까 봐 두렵다는 말씀을 하셨습니다. 과학자로서 커
리어의 정점에 오르셨는데 추락에 대한 두려움이 아직도 남아
있나요?

나의 과학 연구와 야심 찬 목표를 생각하면 여전히 내가 부족한
듯한 기분이 듭니다.

—    마침 비행에 대한 이야기가 나와서 말인데요, 스톡홀름에서 걸
      려온 전화를 받으셨을 때 어디서 무엇을 하고 계셨습니까? 수
      상 소식을 들으신 후에는 어떤 일이 벌어졌나요?

정말 운명적인 순간이었습니다. 그때 나는 팬암Pan Am 모스크
바-뉴욕 직항 비행기의 비즈니스석에서 잠들어 있었습니다. 컬
럼비아 대학교에 호위츠상Horwitz Prize을 받으러 가는 길이었는
데, 공동 수상자인 내 동료 쿠르트 뷔트리히는 이미 뉴욕에서 나
를 기다리고 있었습니다. 기장이 와서 나를 깨우더니 수상 소식
을 전해주었습니다. 처음에는 잠결에 깼더니 피곤해서 다시 자고
싶었죠. 그렇게 경이로운 일이 일어날 거라고는 생각지도 못했기
때문에 정말 소스라치게 놀랐습니다. 비행기 조종실로 가서 스
톡홀름의 노벨위원회와 무선 통신으로 이야기를 나눴습니다.


—    스웨덴 국왕에게 노벨상 증서를 받으시기 직전에는 어떤 생각
      을 하셨나요?

'왜 나만 이런 질문들을 받는 걸까? 노벨상을 받을 자격이 충분
한 다른 동료들도 많은데. 다들 최소한 나만큼은 기여한 바가 있
어.' 똑같이 상을 받았어야 하는데 그러지 못한 과학자들이 무척
많습니다.

—     노벨상 증서와 메달은 어디에 보관하십니까?

그냥 구두 상자에 넣어서 벽장 안에 두었는데, 어느 날 스위스 TV에서 똑같은 질문을 받고는 부리나케 집으로 달려가서 소중한 보물이 그대로 잘 있는지 확인했습니다. 그 후로 더욱 조심하게 되었고 이제는 이런 질문을 받으면 노코멘트로 일관합니다.

—     가끔 증서와 메달을 꺼내서 보시나요?

누가 물어보기 전에는 절대로 안 봅니다. 하지만 이제는 어디에 보관하는지 사람들한테 알리지 않아요.

—     앞으로 핵자기공명은 어떻게 응용되고 발달할까요?

핵자기공명을 활용하면 거의 모든 질병의 치료에 대한 이해를 높일 수 있습니다. 뇌장애가 가장 이해하기 어려운데, 이와 관련해서 MRI(자기공명영상)는 다른 어떤 도구보다도 더 많은 통찰을 제공합니다. MRI를 통해 우리는 뇌의 각 영역이 담당하는 복잡한 기능이 구체적으로 어떻게 작동하는지를 이해할 수 있습니다. 실제로 모든 검사가 생체 내에서 이루어지며 의사가 즉시 답을 얻고 해석할 수 있습니다. MRI를 활용하면 뇌의 개별 구조를 집중적으로 살펴볼 수 있지요. 심지어 특정 세포나 분자의 기능을 탐색할 수도 있습니다. 인체에서 가장 복잡한 기관인 뇌에 대해서 우리가 제기하는 의문에 직접적인 해답을 제시해줍니다. MRI는 이제 보편적인 검사 도구가 되었고 MRI 없는 의학 연구는 상상조차 할 수 없습니다.

— 　교수님이 노벨 화학상을 수상한 해에는 아웅 산 수 치가 노벨 평화상을 받았고 네이딘 고디머가 노벨 문학상을 받았습니다. 과학자의 사회적 책임은 어떻게 정의해야 할까요? 어떻게 하면 과학자들이 실험실의 경계를 넘어서 인류에게 도움을 줄 수 있을까요?

나는 과학과 인문학을 교차 결합하는 것을 좋아했습니다. 두 가지 분야에 모두 관심이 있었으니까요. 다양한 학문 분과를 이어주는 교량을 만드는 것이 중요하다고 생각합니다. 결국 모든 것이 사회에 대한 인간의 의지와 추진력에서 비롯됩니다. 과학 분야의 상은 문을 활짝 열어주고 혼자서만 간직했던 생각을 표현할 수 있는 용기를 북돋아줍니다. 수상자는 자신감을 얻고 다른 사람들과 더 많이 소통하게 됩니다. 과학자들은 마음을 열고 지금까지 더 어려운 삶을 살아온 이들의 걱정거리에 귀를 기울여야 합니다.

예술과 과학은 서로 통한다

— 교수님의 인생을 담은 다큐멘터리의 제목은 '과학+법dharma= 사회적 책임'입니다. 이 공식을 구성하는 세 가지 항목인 과학, 법, 그리고 사회적 책임을 어떻게 정의하시겠습니까?

과학은 자연 현상의 물리적, 화학적, 생물학적 토대를 이해하는 것을 뜻합니다. 법은 우리 존재의 모든 영적인 측면을 깨닫는 것입니다. 책임은 우리의 노력과 우리가 하는 일에 의미를 부여하는 틀을 정의합니다.

— 과학자인 교수님께 영감을 준 오페라 또는 노래 세 곡은 무엇일 까요?

음악은 과학과 직접적인 연관이 있다기보다는 법 그리고 우리의 감정과 연결되어 있습니다.

— 교수님은 예술과 과학에 깊은 애정을 지니고 있고, 지금도 이 두 가지 분야가 교수님의 일상에서 상당한 부분을 차지하고 있습니다. 1968년의 네팔 여행을 계기로 티베트의 회화 예술에 매료되셨고 그 이후로 평생에 걸쳐 관심을 기울이며 예술에 대한 조예가 더욱 깊어지셨습니다. 특히 어떤 분야에 관심이 있으신가요?

극한의 경지에 다다른 인간의 행동을 탐구하는 것을 좋아합니다. 개인적으로도, 사회 전체를 위해서도 의미가 있다는 점에서 예술과 과학은 서로 통하는 지점이 있고 각각 별개로 다룰 수 없습니다.


— 티베트 문화의 어떤 면이 가장 매력적으로 다가왔나요?

모든 비밀을 지닌 현실에 대한 심오한 세계관을 견지하는 티베트 학자들의 총체적 관점이 특히 흥미롭습니다.


— 저도 교수님의 티베트 예술 관련 강연에 참석한 적이 있습니다. 그때 교수님께서 소장하고 계신 불교 회화 작품(탱화)과 청동으로 된 예술품을 몇 가지 보여주셨는데 정말 멋진 작품들이라 감탄했습니다. 이런 예술품에 라만 분광기Raman spectrometer를 활용한다면 어떤 것들을 발견해낼 수 있을까요?

나는 화가가 어떤 안료를 썼는지를 파악하는 데 라만 분광법을 활용했습니다. 몇몇 안료들은 특정한 시대에만 사용되었기 때문에, 이런 사실을 토대로 작품의 대략적인 연대를 추정할 수 있습니다.

예술과 과학은 서로 통한다

— 라만 분광기를 보유하고 계시다고 들었습니다. 어디에 보관하
시나요?

우리 집 지하실에 있습니다. 라만 분광기를 보관하려면 3제곱미
터 정도의 바닥 면적이 필요합니다.


— 교수님은 예술 작품의 청록색(아주라이트 블루) 등 화학 안료의
구성 성분을 연구하기도 하시나요?

라만 분광법으로는 주로 안료를 확인할 수 있고 그 이상은 알
수가 없습니다.


— 교수님께서 티베트 예술에 매력을 느끼는 이유는 영성과 관련
이 있나요? 아니면 더욱 넓은 의미에서 인간 존재의 영적인 측
면을 추구하는 탐색 과정과 연관이 있나요?

티베트는 수많은 비밀을 지닌 신비한 나라입니다. 객관적인 과
학으로는 접근할 수 없는 비밀이 많습니다. 나는 '과학을 초월한
관점'을 좋아합니다.

—  교수님은 달라이 라마를 만나신 적이 있습니다. 티베트의 예술과 영성에 매료되었던 점을 고려할 때, 달라이 라마와의 만남은 교수님께 어떤 의미를 지녔습니까?

달라이 라마는 내가 지금까지 살아오면서 만났던 사람 중에서 가장 존경받는 인물이라 할 수 있습니다. 나는 달라이 라마를 전적으로 신뢰하며 그의 정직함과 지혜로움을 믿습니다. 그가 사사로운 이익을 위해서 행동한다는 인상은 한 번도 받은 적이 없습니다. 그를 온전히 신뢰합니다. 게다가 그는 타고난 유머 감각을 지닌 분이고 항상 미소를 짓습니다. 우리 인간의 존재와 관련된 문제들을 초월하신 분이지요. 만약 이 세상에 절대자가 존재한다면 그런 모습일 것 같습니다. 달라이 라마 같은 분은 지금까지 한 번도 본 적이 없습니다. 나에게 그만한 힘과 인내심이 있다면 그분의 삶을 따르고 싶습니다.

—  미래 세대의 과학자들에게 어떤 조언을 들려주고 싶으신가요?

친구와 동료들의 반응에는 되도록 신경 쓰지 말고, 본인이 흥미를 느끼고 자발적으로 탐구할 수 있는 분야를 찾으라고 권하고 싶습니다. 연구는 지극히 개인적인 활동이며 연구자는 무엇보다도 자기 자신을 만족시켜야 합니다. 명확한 목표를 설정하되 그 목표를 달성하는 방법은 일단 폭넓게 열어두어야 합니다. 여

예술과 과학은 서로 통한다

러분의 재능은 자연이 준 선물입니다. 그 재능을 잘 활용해서 인류의 발전에 기여하는 것이 여러분의 임무입니다. 때로는 재능이 부담스러운 짐으로 여겨지겠지만 그런 재능을 타고난 덕분에 다른 사람들은 이룰 수 없는 목표를 달성할 수 있는 것입니다. 책임감 있는 태도를 지니고 올바르게 처신하기를 바랍니다.

### Chapter 4

# 타인을 돕는 열정이
# 나를 돕는다

프랑수아즈 바레시누시
Françoise Barré-Sinoussi

---

나는 여성이 어떤 일을
할 수 있는지를 보여줄 것입니다.

• 아르테미시아 젠틸레스키 •

— 최초의 에이즈 발병 사례는 1981년으로 거슬러 올라갑니다. 그로부터 불과 2년 만에 교수님은 멘토인 뤼크 몽타니에<sub>Luc Montagnier</sub>와 함께 에이즈를 유발하는 HIV(인간 면역결핍 바이러스)를 분리해내셨습니다. 이러한 업적을 인정받아 두 분은 2008년에 노벨 생리의학상을 수상하셨지요. 지금까지 전 세계적으로 에이즈 관련 질환에 의한 사망자 수는 약 3,300만 명에 육박하며 HIV 누적 감염자 수는 7,500만 명이 넘습니다.[6] 프랑수아즈 바레시누시 교수님, HIV와 에이즈로 고통받는 환자가 아닌 일반인들이 이 질병에 대해서 잘 모르거나 잘못 알고 있는 것들은 무엇일까요?

HIV가 더 이상 문젯거리가 아니라고 생각하는 사람들이 상당히 많습니다. 에이즈라는 만성 질환에 대한 치료법이 있으니 별로 걱정할 필요가 없다고 생각하지요. 그 결과, 젊은 남성 동성애자 중 상당수가 다시 위험에 노출되고 있습니다. 나의 모국인 프랑스에서는 최근 몇 년간 젊은 동성애자 인구의 감염 발생률이 증가했습니다. 미국과 호주를 비롯한 다른 나라에서도 이와 비슷한 상황이 벌어지고 있습니다. 일단 예전처럼 집중적인 의사소통이 이루어지지 않고 정보 전달이 미흡합니다. 어떤 사람들은 에이즈 치료제가 있다고 생각합니다. 하지만 평생 치료를 받아야 한다는 점을 고려하면 완전한 치료제라고 말하기는 어렵습니다. HIV에 관한 정보를 알리는 데 더 많은 노력이 필요한 실정입니다.

한편 본인이 에이즈에 감염되었다는 사실을 모르는 사람

타인을 돕는 열정이 나를 돕는다

들도 상당히 많습니다. 아무도 그들에게 검사를 받으라고 하지 않았기 때문입니다. 그런 사람들 수천 명이 다른 사람들까지 감염시키고 있습니다. 그러면 당연히 HIV 에피데믹(세계보건기구에서 설정한 감염병 경보 단계 중 팬데믹 전 단계에 해당하는 '국지적 유행'−옮긴이)을 종식하는 데 부정적인 영향을 미치겠지요. 세계 각국에서 이런 상황이 발생하고 있습니다.

또한 일반인들은 이제 에이즈가 사하라 이남 아프리카에서만 주로 발생하는 질병이라고 생각합니다. 자기는 걸리지 않을 거라고 생각하기 때문에 관심이 없는 것이지요. 하지만 이것은 그릇된 생각입니다. 바이러스는 전 세계를 돌아다니니까요. 만약 이 세상 모든 사람의 예방, 돌봄, 치료를 위해 지속적인 노력을 기울이지 않는다면 향후에 HIV 에피데믹이 다시 출현할 수도 있어서 우려스럽습니다.


— 교수님은 아프리카 및 아시아 각국을 수차례 방문하신 바 있습니다. 1985년에 처음 아프리카 국가에 다녀오셨는데, 그때 방기Bangui(중앙아프리카공화국의 수도−옮긴이)에서 열린 세계보건기구 워크숍에 참석하셨지요. 그리고 캄보디아에 가셨을 때는 노벨상 수상 소식을 알리는 전화를 받으셨습니다. 이들 국가를 방문하셨을 때 어떤 기분이 들었습니까? 지난 30여 년간 아프리카와 아시아를 드나드셨는데 특히 오래도록 마음에 남고 눈에 아른거리는 순간들이 있었나요?

답하기 어려운 질문이군요. 1985년에 처음으로 중앙아프리카공화국의 방기에 갔을 때 회의 참가자들과 함께 병원에 방문한 적이 있습니다. 그때 심각하고 끔찍한 상태에 처한 환자들을 직접 목격했습니다. 당시에는 HIV 치료법이 없었고 환자들이 평온하게 숨을 거둘 수 있도록 도울 수 있는 약조차 없었습니다. 나뿐만 아니라 그 자리에 있던 많은 사람이 충격을 받았습니다. 우리는 수련과 지식 전달 등 다양한 개입을 통해서 이런 국가들의 임상 상황을 개선할 책임과 의무가 있다는 사실을 깨달았습니다. 그 일을 계기로 나는 자원이 부족한 환경에서 활동하게 되었습니다.

나는 파리에 있는 파스퇴르 연구소에서 수련을 받았습니다. 루이 파스퇴르가 어떤 생각에서 전 세계 각국에 파스퇴르 연구소를 설립했는지 그때 완전히 이해할 수 있었습니다. 우리가 알고 있는 지식을 전달하고, 단지 일방적인 지원을 제공하는 것이 아니라 그들과 함께 협력하는 활동에 참여했습니다. 자원이 제한된 환경에 처한 사람들의 삶을 개선하고 존엄을 지켜주기 위해 연구와 개입을 실시했습니다. 비록 당면 과제가 산적해 있지만 자원이 제한된 환경에서도 진전이 이루어지고 있습니다. 아프리카나 동남아시아의 동료들이 현장에서 직접 연구를 진행하기도 합니다. 이렇게 체계를 만들어나가고 역량을 강화하는 노력 덕분에 HIV 및 다른 질병과 관련해서 현지의 사람들이 혜택을 누릴 수 있습니다.

타인을 돕는 열정이 나를 돕는다

— 여전히 수많은 의약품과 의료기술이 전 세계의 모든 나라에서 널리 쓰이지 못하고 있습니다. 보건의료 서비스의 보편성을 실현하고 글로벌 보건의료 시스템을 개선하기 위해서는 어떤 노력을 기울여야 할까요?

소위 HIV의 1차 치료는 어디에서나 받을 수 있습니다. 원칙적으로는 개발도상국의 모든 환자가 1차 치료를 받을 수 있습니다. 만약 그런 치료를 받지 못한다면 그들이 검사를 받지 않았기 때문입니다. 오늘날 자원이 제한된 환경에서는 대개 환자들이 진단을 받을 때쯤에는 이미 병이 말기까지 진행된 경우가 많습니다. 감염된 이후에 병원에 도착한다면 효율적으로 치료하기가 어렵습니다. 자원이 제한된 환경에 처한 사람들이 검사를 받도록 하는 것이 가장 시급한 과제라고 생각합니다.

말은 쉽지만 실제로 그렇게 하기는 쉽지 않습니다. 다양한 난관이 존재하기 때문입니다. 자금 지원의 문제를 지적하는 사람들도 있지만 문제는 그뿐만이 아닙니다. 작은 마을에는 HIV 검사를 실시할 수 있는 전문 의료진이 없습니다. 따라서 공동체 기반의 활동을 조직해서 해당 공동체의 구성원들이 훈련을 받고 직접 검사를 실시할 수 있게 해야 합니다. 예를 들어 작은 마을에서는 신속 검사나 1차 검사처럼 사용법이 간편한 도구를 활용할 수 있습니다. 공동체의 참여를 이끌어낸다면 상황을 개선할 수 있을 것입니다. 아울러 정치적인 영향력을 발휘할 필요가 있습니다. 몇몇 국가에서는 HIV 감염자들이 치료 또는 의료 혜택을 받을 자격이 없다고 생각하는 정치인들 때문에, 환자들이 의약품과 의료기술을 이용할 수 없습니다. 우리가 '핵심 영향 인구'라고 부르는 동성애자나 마약 사용자들이 여기에 포함됩니다. 그런 정치인들은 이런 문제를 해결하는 데 돈을 쓸 필요가 없다고 생각합니다.

이처럼 동성애자, 마약 사용자, 성 노동자, 트랜스젠더 등에 대한 탄압 조치를 시행하는 나라가 전 세계적으로 70개국이 넘습니다. 이러한 탄압 조치 때문에 예방, 돌봄, 치료에 대한 접근이 거부되고 있습니다. 위에서 언급한 것처럼 장애물과 난관이 상당히 많습니다.

또한 낙인과 차별 등 정치적인 문제도 있습니다. 낙인찍힐 우려가 있을 때 사람들은 검사를 받고 싶어 하지 않습니다. 다른 사람들에게 거부당하거나 감옥에 수감되거나 친구와 가족들에게 외면당할까 봐 두려워하기 때문입니다. 누구나 HIV 같은 질병에 걸릴 수 있습니다. 에볼라의 경우에도 그런 상황이 발생했었지요. 잠재적 에볼라 보균자로 간주될까 봐 두려워서 숲속으로 탈출하는 사람들도 있었습니다. 교육과 보건 시스템 구축, 정치적 의지가 모두 필요합니다.

— 질병과 관련된 낙인과 차별은 종종 발생합니다. HIV나 에이즈 및 정신건강과 관련된 경우에는 그런 상황이 더욱 빈번하게 일어나지요. 교수님은 1996년에 약 1년 동안 HIV와 에이즈 관련

타인을 돕는 열정이 나를 돕는다

회의에 참석하지 않으셨습니다.

1996년에 내가 회의에 참석하지 않은 이유는 회의의 성격이 점점 변화했기 때문입니다. 나는 1985년에 애틀랜타에서 개최된 첫 번째 회의에 참석했고, 1986년에 파리에서 열린 두 번째 회의 때는 직접 조직에 참여했습니다. 그 후에 워싱턴, 스톡홀름, 몬트리올에서 열린 회의에 참석했어요. 언젠가부터 이런 회의는 정치적 이슈, 미디어와 커뮤니티에 훨씬 더 집중하는 행사가 되었습니다. 과학적 이슈는 거의 다루지 않았지요. 그래서 한동안 회의에 참석하지 않았던 것입니다. 그러다가 2000년에 더반에서 회의가 개최됐을 때는 꼭 참석해달라는 국제사회의 요청이 있었습니다. 남아프리카공화국의 타보 음베키 대통령과 관련된 끔찍한 문제가 발생했기 때문입니다. 그는 HIV가 에이즈를 유발하는 원인이라는 것을 인정하지 않았습니다. 그 결과, 남아프리카공화국의 HIV/에이즈 에피데믹이 매우 심각한 상황에 이르렀습니다. 일부 지역에서는 HIV 감염자가 50퍼센트를 초과했는데도 돌봄과 치료를 전혀 받을 수 없었기 때문에 감염병이 더욱 확산됐습니다. 나는 결심을 하고 나서 이렇게 말했습니다. "그래, 그들이 하는 말이 맞아. 우리가 그곳에 가서 정책을 바꾸도록 정부에 압력을 행사해야 돼." 나는 그런 회의가 정부에 압력을 가해서 정책의 변화를 이끌어낼 수 있다는 사실을 깨달았습니다. 2000년 이후로는 격년으로 회의에 참석하고 있습니다.

— 학계에서는 정신건강 문제가 여전히 금기로 여겨지는 것 같습니다. UC 버클리의 연구 결과에 따르면 대학원생 47퍼센트가 우울증을 겪었고, 그 이전의 연구에는 10퍼센트가 자살을 고려했다는 내용도 있습니다.[7] 살면서 우울증을 경험하신 적이 있나요? 만약 그렇다면 어떻게 우울증을 극복하셨나요?

나도 우울증을 겪은 적이 있습니다. 하지만 학문 연구 때문이라기보다는 내가 활동하는 분야, HIV와 관련이 있었어요. 정말 끔찍한 시기를 겪었는데, 나만 그런 건 아니었어요. 줄곧 과학자로 살아왔지만 그때 난생처음으로 환자들을 직접 접했습니다. 심각하고 끔찍한 상태의 환자들을 보았고 내가 연구하는 질병에 걸려서 죽어가는 사람들을 목격했습니다. 몇몇 환자들과는 친구가 되었는데 안타깝게도 세상을 떠났습니다. 한 인간으로서 정말 고통스러운 경험이었습니다. 과학자로서는 극심한 스트레스에 시달렸어요. 최대한 빨리 해결 방안을 찾아내는 것이 나의 책무라는 생각이 들었기 때문입니다. 하지만 아시다시피 과학은 시간이 필요합니다. 당시에는 인간으로서의 감정과 과학자로서의 감정이 상충했습니다. 1996년에 레트로바이러스 치료와 관련된 데이터를 분석한 결과, 여러 가지 약을 조합해서 치료하면 HIV 환자들이 생존할 수 있다는 사실이 최초로 밝혀졌습니다. 그런데 그 이후에 나는 우울증을 겪게 되었어요. 어쩌면 그동안 어깨를 짓누르던 막중한 부담감이 사라져서인지도 모르겠습니다.

타인을 돕는 열정이 나를 돕는다

— 답변 감사합니다. 정신건강과 관련된 질병을 겪고 있는 수많은 사람에게 분명히 도움이 되었을 거라 생각합니다. 다음 질문으로 넘어가겠습니다. 지난 30년 동안 법적 분쟁이 있었는데요…….

(말을 가로막으며) 30년은 아닙니다만…….

— 그러면 25년 정도 되었을까요?

(웃음)

— [독자들을 위해 간략히 설명하겠다. 1984년에 로버트 갤로Robert Gallo와 바레시누시는 연구 샘플을 교환했는데, 갤로를 비롯한 연구진이 에이즈를 유발하는 바이러스를 분리해냈다. 그러나 그 바이러스는 바레시누시와 뤼크 몽타니에가 1년 전에 이미 분리해낸 것과 동일한 바이러스였다. 그 후로 갤로는 긴 세월 동안 HIV/에이즈 관련 연구에 기여했다. 그런데 2008년에 바레시누시와 몽타니에가 '인간 면역결핍 바이러스를 발견한'[8] 공로로 노벨 생리의학상을 수상한 반면 갤로는 상을 받지 못했다. 당시 세 번째 수상자는 '자궁경부암을 유발하는 인유두종 바이러스를 발견한'[9] 하랄트 추어하우젠이었다. HIV/에

이즈와는 무관한 분야였다. 다시 인터뷰로 돌아가자.]

　이 문제로 약 30년에 걸친 분쟁과 다툼이 발생했습니다. 미국의 로널드 레이건 대통령과 프랑스의 자크 시라크 국무총리가 발견의 순서 및 바이러스 검출 검사와 관련된 특허에 대해 공동 성명을 발표하기도 했지요. 교수님께서는 이런 문제들에 휘말리지 않고 어떻게 자신의 인생과 연구에 집중하실 수 있었습니까?

가능한 한 이 사건에 개입하지 않기 위해 노력했습니다. 그런 문제에는 관심이 없었으니까요. 나는 과학자로서, 그리고 한 인간으로서 환자들이 어떤 일을 겪고 있는지 곁에서 지켜보았습니다. 최선을 다해 계속 연구해서 이 질병에 영향을 받는 사람들에게 필요한 진전을 이뤄내는 것에 우선순위를 두었습니다. 개인적으로는 서글픈 이야기라고 생각합니다. 미국 콜드 스프링 하버에서 열린 HIV의 역사에 관한 회의에 참석했을 때 로버트 갤로도 그 자리에 있었습니다. 우리는 아무런 문제 없이 함께 지냈습니다. 사실 나를 초청한 사람이 바로 로버트 갤로였거든요. 그러니 이야기는 끝난 거나 마찬가지죠. 내가 미국과 프랑스 간의 갈등에 대해 언급하지 않은 이유가 무엇인지 어떤 기자가 물어본 적이 있었어요. 그때 이렇게 대답했습니다. '내가 왜 그 문제를 언급해야 합니까? 도대체 왜죠? 한번 말씀해보세요. 그 이야기가 과학의 진보에 영향을 미쳤나요?' 아닙니다. 나는 과학자이고, 과학에만 관여합니다.

타인을 돕는 열정이 나를 돕는다

—    로버트 갤로도 노벨상을 받았어야 한다고 생각하시나요?

내가 그 문제에 관해 언급하는 것은 적절하지 않다고 생각합니다. 노벨위원회가 결정할 문제이지요. 나는 노벨위원회의 결정을 존중합니다. 그 밖에 다른 의견은 없습니다.

—    토요일에도 실험실에서 일하시는 경우가 많다고 들었습니다.

토요일뿐만 아니라 일요일, 그리고 밤에도 마찬가지이죠. (웃음)

—    토요일에 결혼식을 올리셨는데, 결혼식 당일에도 실험실에 계신 교수님께 부군께서 예식에 반드시 참석하라고 확인 전화를 걸었다고 들었습니다. 그게 바로 헌신이지요!

남편은 내가 어떤 사람인지 아주 잘 알았기 때문에 그런 상황에도 전혀 놀라지 않았어요. 그는 항상 이렇게 말하곤 했습니다. "당신의 삶에서 1순위는 일이고, 2순위는 부모님, 3순위는 반려묘들, 그리고 내가 4순위라는 건 잘 알고 있어." 이런 면을 잘 인식하고 있었기 때문에 예식 당일에 실험실로 전화를 해야 하는 상황이 발생했어도 그는 놀라지 않았어요. 내가 일에 몰두하고 헌신한다는 걸 잘 알고 있었으니까요. 사실 나는 연구하는 게

'일'로 여겨지지 않아요. 내가 진정한 열정을 느끼는 분야이기 때문입니다.

—     2015년 8월부터는 활발한 연구 활동에서 은퇴하셨습니다. 교수님은 은퇴하는 날을 고대하셨나요? 아니면 제 생각처럼 결코 은퇴하지 않으셨을 수도 있었을까요? 은퇴 이후의 시기에 미리 대비하셨나요?

나름대로는 상당히 잘 준비해둔 상태였습니다. 자신의 길을 걷다 보면 언젠가는 은퇴해야 할 날이 다가옵니다. 하지만 그렇다고 해서 모든 활동을 그만두어야 하는 것은 아닙니다. 나에게는 아직도 해야 할 일이 정말 많습니다. 이제 연구실은 없지만 여전히 예전과 똑같은 활동에 참여하고 있습니다. 혼자서 과학 연구를 하지는 않지만 아직도 다른 과학자들과 교류하면서 지냅니다. 지금도 HIV 치료법 프로젝트HIV Cure Project를 조율하고 전 세계 여러 도시를 방문합니다. 만약 내가 완전히 은퇴해서 과학계 및 HIV 관련 커뮤니티와의 관계가 단절되었다면 힘들었을지도 모르지만 지금은 그런 상황이 아니니까요. 예전에 함께 일하던 동료들이 계속 연구를 진행하고 있습니다. 우리는 5년이 넘는 기간 동안 내 은퇴를 준비해왔습니다. 동료들은 훌륭한 연구 성과를 내고 있습니다. 한때 함께 연구했던 동료들의 연구가 국제적으로 상당한 수준에 이른 것을 보면 마음이 참 흐뭇해집니다. 새로운 세대의 과학자들을 길러내고 훈련하는 것이 내가 맡은 과제 중 하나였습니다. 그런 후배 과학자들이 이뤄낸 성과를 목격하면 마치 내가 성공을 거둔 것 같은 기분이 듭니다. 언제나 스스로에게만 매몰되어서는 안 됩니다. 과학자로서 리더 역할을 해야 하지만, 차세대 과학자들을 훈련하고 그들의 역량을 개발하는 데도 리더십을 발휘할 필요가 있습니다. 그런 측면에서 나는 내 몫을 다했다고 생각합니다.

— 교수님의 말씀에 전적으로 동감합니다. 활발한 연구 활동에서 한 발짝 물러나야 할 적절한 시기가 있다고 생각하시나요?

과학자로서 살아가다 보면 점진적으로 그런 과정을 거치게 되지요. 젊은 시절에는 과학적 질문에 대한 해답을 찾아내기 위해 실험실 작업대에서 연구합니다. 처음에는 멘토가 연구하라고 지시한 문제들을 탐구하는 경우가 대부분입니다. 그러다가 박사과정을 마무리하고 나면 스스로 과학적 질문을 던지게 되고 나중에는 학생들을 지도하게 됩니다. 선임 연구원이 되면 행정에도 관여하고 본인의 연구실과 함께 일하는 젊은 과학자들을 위해서 연구 지원금을 신청합니다. 이렇듯 역할과 업무가 서서히 달라지지요. 관료가 되고 더 많은 행정 업무를 담당하게 되면 실험실 작업대에서 연구하는 시간은 줄어들 수밖에 없습니다. 두 가지를 모두 해낼 수는 없어요. 선임 연구원들은 실험실의 연구 활동을 조율하는 역할을 담당하게 됩니다. 각기 다른 모델과 접근 방식을 활용하더라도 모든 사람이 같은 방향으로 나아가고 있는지를 점검하고 협력 네트워크를 구축합니다. 실험실의 연구 성과가 인정받고 더 많은 자금을 지원받으려면 연구와 관련된 의사소통이 상당히 중요합니다. 일반인들이 가끔 오해할 때가 있는데 과학자가 항상 하얀 가운을 입고 실험실에서 연구만 하는 것은 아닙니다. 과학자로서 커리어를 밟아나가다 보면 학창 시절을 거쳐서 실험실 전반을 관리하는 선임 연구원으로까지 진화하게 됩니다.


—  교수님의 커리어 초반으로 다시 돌아가겠습니다. 박사과정 졸업을 앞두고 파스퇴르 연구소에 있는 선배 과학자들에게 조언을 구하셨는데요. 그중 한 사람이 여자가 잘할 수 있는 일은 가정을 돌보고 육아를 하는 것밖에 없다며, 교수님께 과학자가 아닌 다른 커리어를 택하는 편이 더 나았을 거라는 말을 했다고 들었습니다. 아직도 이렇게 끔찍한 생각과 행동을 하는 남자들에게 어떤 말씀을 전하고 싶으신가요?


그건 완전히 틀린 생각이라고 말해주고 싶습니다. 이를 증명하는 사례가 수없이 많습니다. 40년 전에는 사회 전반에 그런 사고 방식이 만연했었죠. 파스퇴르 연구소뿐만 아니라 프랑스 안팎의 수많은 연구기관도 마찬가지였습니다. 다행스럽게도 그동안

타인을 돕는 열정이 나를 돕는다

상당한 진전이 이루어졌습니다. 내가 파스퇴르 연구소에서 처음 일하던 시절에는 여성 교수가 불과 다섯 명도 안 됐는데 지금은 교수진의 약 50퍼센트가 여성입니다. 여성들이 얼마나 뛰어난 역량을 발휘할 수 있는지 남성들에게 증명해낸 덕분에 이렇게 발전을 이루어낼 수 있었습니다. 그리고 다행히도 요즘은 여성들이 능력을 인정받고 있습니다.

사실 인정받는 건 쉽지가 않거든요. 남성과 비교하자면 젊은 여성 연구자들은 제대로 인정받기가 아마 두 배는 더 어려울 겁니다. 하지만 그래도 꾸준히 노력해야겠죠.


— **여전히 성차별 문제를 겪고 있는 여성 과학자들에 대해 어떻게 생각하시나요? 그들에게 건네고 싶은 조언이 있습니까?**


여성 과학자들에게는 내가 그랬듯이 타인을 돕고자 하는 열정을 지닌 과학자가 되라고 말해주고 싶습니다. 타인을 돕는 것, 특히 의생명과학 분야에서는 환자들을 돕는 것이 연구자 본인의 삶을 위해서도 정말 중요합니다. 자기 자신의 이익만 생각하고, 단지 논문을 게재하고 멋진 이력서를 얻기 위해 과학을 하는 것만으로는 부족합니다.

다른 사람들에게 최대한 많은 도움을 줄 수 있도록 노력하는 자세가 가장 중요합니다. 의과학 분야의 연구자는 질병으로 고통받는 환자들이 더 나은 삶을 살 수 있도록 지원해야 합니다. 환자가 누구든, 어디에 있든지 말입니다. 만약 이런 열정을 지닌 사람이라면 과학자의 길을 계속 걷길 바랍니다. 전 세계에서 만나는 사람들에게서 훨씬 더 많은 보답을 받게 될 테니까요. 나는 언제나 최선을 다했기 때문에 상당히 만족스러운 삶을 영위하고 있습니다. 아프리카, 캄보디아, 베트남 등 세계 어디를 가더라도 현지인들에게 환대를 받고, 그런 사람들을 만나면 행복해집니다. 나처럼 HIV 연구에 평생을 바친 사람한테는, HIV 환자가 살아 숨 쉬고 미소 짓고 춤추고 공연하는 모습을 보는 게 최고의 선물입니다.

타인을 돕는 열정이 나를 돕는다

### Chapter 5

# 목표를 세우지 말고
# 인생을 즐겨라

아론 치에하노베르, 에드먼드 피셔
Aaron Ciechanover, Edmond H. Fischer

1년간의 대화보다 한 시간의 놀이가
그 사람에 대해 더 많은 것을 알려준다.

· 플라톤 ·

— 아론 치에하노베르 교수님, 2014년에 스톡홀름에서 교수님을 뵈었을 때 장난감 수집품이 상당하다고 말씀하셨지요. 소장하고 계신 장난감이 얼마나 되요? 그중에서 가장 애착이 가는 물건은 무엇인가요?

장난감 수집이 취미인데 주로 개인적으로 관련이 있는 것들을 모읍니다. 어린 시절에 가지고 놀던 장난감, 아니면 예전에 탔던 자동차, 기차 또는 비행기를 떠올리게 하는 것들이죠. 장난감을 수집하는 이유는 단순한 방식으로 어린 시절의 추억을 간직하고 지금까지 살아오면서 내가 했던 일들을 기억하기 위해서입니다. 사진을 찍는 대신에 장난감을 모으는 거죠. 사람은 저마다 기억하는 방식이 다르니까요. 스테파노 씨와 나는 이탈리아의 유서 깊은 도시인 베르가모에서 열린 베르가모시엔자Berga-moScienza 과학 축제에서 처음 만났지요. 그곳에는 나무로 만든 장난감을 파는 아름다운 장난감 가게가 있어요. 나는 나무로 된 장난감을 정말 좋아합니다. 복잡하지 않고 단순해서 좋아요. 대략적인 형태만 갖추고 있어서 나머지는 마음껏 상상할 수 있잖아요. 이렇게 내가 살면서 겪은 다양한 일들을 기억하기 위해 장난감을 수집하는 겁니다. 그 단순함 덕분에 상상력의 폭이 더욱 넓어집니다.


— 그동안 수집하신 장난감들은 나중에 일반인들을 대상으로 전

목표를 세우지 말고 인생을 즐겨라

**시하실 생각인가요?**

아마 그럴 일은 없을 것 같습니다. 아주 개인적인 소장품들이거든요. 하나하나 사연이 담겨 있습니다. 나에게는 소중한 장난감들이지만 과연 다른 사람들이 그런 물건에 관심이 있을까요?


—   교수님은 불과 열여섯 살에 부모님을 모두 잃으셨습니다. 어디서 힘을 얻고 버티실 수 있었나요?


과거로 다시 돌아가서 내가 영웅이었고 이런저런 일을 해냈다고 말하기란 정말 어렵습니다. 그냥 그렇게 했을 뿐이니까요. 당시에 나는 상태가 악화되고 있었습니다. 지금 돌이켜보면 짓궂은 행동이었다는 생각도 드는데, 그때는 자칫 잘못하면 비행 청소년이 될 수도 있는 기로에 서 있었습니다. 사소한 물건을 훔친 적도 있거든요. 다행히 고마운 분들의 도움 덕분에 제자리로 돌아올 수 있었습니다. 한 사람은 나를 입양해준 거나 다름없는 형이고 또 다른 사람은 수년 전에 세상을 떠나신 형수님입니다. 우리 형은 아직 살아 있고 건강히 잘 지내고 있습니다. 자주 왕래하면서 지내고 있어요. 형은 나보다 열네 살이 많아서 당시에 이미 가정을 이룬 상태였습니다. 나한테는 정말 행운이었어요. 그리고 남편을 잃고 혼자 되신 이모가 나를 거두어주셨습니다. 그래서 곧바로 머물 곳이 생겼죠. 그렇게 감사한 분들 곁에서 지내다 보니 어느 날 문득 의사가 되고 싶다는 생각이 들었습니다. 내가 생물학에 관심이 많다는 사실을 깨달았고 의대에 들어가고 싶었습니다. 50년 전에 나의 속마음이 어땠는지 세세하게 기억하기는 어렵지만, 주변에 좋은 사람들이 있다는 것은 정말 큰 힘이 됩니다. 그런 면에서 나는 행운아였죠.

— 교수님도 강한 의지력을 발휘하셨지요. 의사가 되고 싶다는 꿈을 이루셨고 그 후에 연구 활동도 하셨습니다.

그렇게 말할 수도 있겠지요. 하지만 지금 돌이켜보니 그렇게 살아온 것입니다. 그때는 과학, 커리어, 발견 등을 염두에 두지 않았어요. 지금에 와서야 그런 생각이 드는 것이죠. 가만히 생각해보니 나에게 힘이 있었던 것 같다고. 내가 무슨 영웅이라거나 힘겨운 싸움을 했다고 생각하진 않습니다.

— 의학 공부 끝에 박사학위를 받으시고 매사추세츠 공과대학교 MIT에서 박사후과정을 성공리에 이수하신 후, 모교인 이스라엘 공과대학교 의학부에서 교수직을 얻으셨습니다. 그 후로 지금까지 주로 이스라엘에서 학자로 활동하셨지요. 당시에 실험실을 열고 연구진을 갖춰서 연구 프로그램을 시작하셨는데 상당히 부담이 컸을 것 같습니다. 그때의 기분은 어땠습니까?

목표를 세우지 말고 인생을 즐겨라

해외에 나갔던 젊은 과학자들이 자국으로 돌아가면 다들 비슷한 책임감을 느끼게 됩니다. 모든 나라가 그런 인력을 다시 받아 줄 수 있는 체계를 갖추고 있는 것은 아니니까요. 이탈리아의 경우는 조금 다르다고 들었습니다. 만약 이탈리아였다면 내가 그렇게 성공할 수 있었을지 잘 모르겠네요. 민주주의와 관련해서 이스라엘도 여전히 문제가 많기는 하지만 학자들을 다시 대학으로 데리고 오는 시스템은 잘 갖춰져 있습니다. 이스라엘에서는 통상적으로 해외에서 박사후과정을 밟으면서 세계의 주요 학술기관에서 과학을 연구하는 경험을 쌓게 합니다. 기금을 설립하고 대학에 종신 교수직을 설치하는 체계가 마련되어 있습니다. 물론 미국에서도 수많은 제의를 받았고 지금 내가 속해 있는 기관보다 훨씬 더 좋은 자리도 있었습니다. 물론 우리 대학도 훌륭하지만 최고 학부의 반열에 들 정도는 아니니까요. 그러나 역사와 언어, 문화, 그리고 가족을 고려하면 귀국할 이유는 충분했습니다. 과학은 국제적인 학문이므로 지리적 위치가 그리 중요하지 않을 수도 있습니다. 과학 연구를 가장 잘할 수 있는 곳에 가면 되니까요. 하지만 과학자도 사람이기 때문에 인간적인 이유가 작용하기도 합니다. 내 경우에는 이곳 이스라엘의 우리 민족과 내 가족, 그리고 모국어가 중요했습니다. 힘들긴 했지만 불가능한 일은 아니었어요. 다시 말하지만 시간이 흐른 뒤에 과거를 돌아볼 때에야 비로소 알 수 있습니다. 계획한 대로 성공을 거둘 수 있는 것도 아니고, 어디로 가야 할지도 모르죠. 그저 올바른 길이라는 생각이 들면 그 길을 택하게 되는 것입니다.

— 　교수님은 수학하신 모교로 다시 돌아오셨습니다.

그렇습니다. 심지어 같은 학과로 돌아왔죠. 하지만 당시만 하더라도 아직 이스라엘은 상대적으로 젊은 국가였고 이런 관행이 자연스러웠습니다. 심지어 지금도 '과학적 근친교배'에 대해 불만을 느끼는 사람들이 있지요. 요즘에는 그런 상황을 지양하기 위해 노력하고 있습니다. 문화적 근친교배뿐 아니라 연고주의를 피하기 위해서이기도 합니다. 멘토가 학생들을 다시 데리고 오는 것이 반드시 '학문적으로 건강한' 일은 아닙니다. 같은 학과로 돌아오기는 했지만 나는 독립적으로 연구 활동을 해나갔고 다른 시스템과 다른 사고방식으로 옮겨 갔습니다. 그때는 유비퀴틴ubiquitin에 관해 연구하는 사람이 전 세계에 아무도 없었습니다. 1984년에는 각광받지 못했던 연구 분야였죠.

— 　교수님은 유비퀴틴에 의한 단백질 분해 과정[10]을 발견한 공로로 2004년에 노벨상을 수상하셨습니다. 말하자면 우리 몸의 세포 내 재활용 시스템입니다. 해외에 나가시기 전부터 교수님은 언젠가 다시 돌아와야겠다고 생각하셨다고요.

그렇게 생각했습니다만 사람 일이 어떻게 될지는 아무도 모르죠. 내심 미국에 남고 싶기도 했습니다. 교수직 두 곳을 고려 중이었고 미국에 남아달라는 요청을 수차례 받았으니까요. 아직 마음의 결정을 내리지 못한 상태였지만 장기적인 미래를 생각할 필요가 있었습니다. 아이들이 어디에서 자라기를 바라는지, 나 자신이 어디에서 핵심적인 역할을 담당하고 싶은지도 고려해야 했죠. 해외에 사는 이스라엘 사람들은 본국과 긴밀한 관계를 유지합니다. 이스라엘 신문을 읽고 라디오를 듣습니다. 우리 이스라엘 사람들은 소수 민족입니다. 마치 전 세계 어디에나 '리틀 이탈리아'가 있는 것처럼요.

—  그렇습니다.

음식을 비롯해 우리 민족의 문화도 중요한 이유였어요. 나는 '리틀 이스라엘'이 아니라 이스라엘에 살고 싶었습니다.

—  무슨 말씀이신지 잘 알겠습니다. 저는 런던에 살고 있는데 친구들과 함께 저희만의 '리틀 이탈리아'를 만들었거든요.

누구든 자기한테 잘 맞는 곳으로 가야 합니다. 이에 관해서는 어떤 규범이나 비판적인 잣대를 들이댈 필요가 없습니다. 자기 자신이 편안함을 느끼는 곳에서 살아야 하니까요.

—  노벨상 수상 10년 후에 스톡홀름의 노벨 주간에 교수님을 뵈었
을 때 제게 이런 말씀을 해주셨습니다. 과학자는 노벨상 수상이
아니라 커다란 발견을 해내는 것을 목표로 삼아야 한다고요.

오로지 노벨상을 위해서 산다는 건 어리석은 일이죠. 노벨상을
탈 확률이 과연 얼마나 될지 생각해보세요. 아마 100만분의 1 정
도 될 겁니다. 상을 타고 싶어서 연구한다면 그건 부정적인 동기
입니다.

　　나는 인생 그 자체를 즐기는 것이 삶의 목적이라고 생각합
니다. 하지만 질적으로 높은 수준의 성과를 이뤄낼 때 진정한 즐
거움을 느끼는 사람이라면 자기가 하는 일에 대해 통찰력을 발
휘해야 합니다. 상당히 비판적인 시각으로 살펴보아야 합니다.
당연히 주변을 둘러보고 비교하고 판단해서 어떤 것이 훌륭한
과학인지를 파악해야 합니다. 독창성이 필요하지요. 자신이 수
행하고 있는 연구에 대한 내적 판단과 통찰력의 문제입니다. 상
을 타고 남들에게 인정받고 싶은 마음에 휘둘린다면 부정적인
동기의 영향을 받는 것입니다. 열심히 연구하다 보면 자연스럽
게 상을 받게 됩니다. 상이라는 건 이 사회가 누군가에게 경의를
표하기 위해서 만들어낸 수단인데 사실 과학과는 상관이 없습니
다. 우리가 평생을 연구에 바치더라도 과학적 문제를 전부 다 풀
수는 없습니다. 우리가 일부를 풀고 나중에 누군가가 다른 부분
을 더 풀어낼 것입니다. 물론 모든 것의 밑바탕이 되는 초석과도
같은 위대한 발견도 있습니다. 나는 물리학에 관해서는 잘 몰라

목표를 세우지 말고 인생을 즐겨라

서 아인슈타인의 업적을 설명하기는 어려울 수도 있지만……

— **정말 일리 있는 말씀입니다!**

하지만 상대성 이론이라는 것이 존재하고 그 이론이 온 세상을 바꾸어놓았다는 사실은 누구나 다 알고 있습니다. 생물학의 발전에 초석이 된 발견들에 대해서는 나도 잘 알고 있습니다. 예를 들어 DNA 이중나선 구조의 발견은 돌연변이부터 정보의 흐름을 변화시키고 이해하는 능력에 이르기까지 다른 여러 발견의 기반이 되었습니다. 지금 돌아보면 정말 엄청난 일이지요. 하지만 그 당시에는 왓슨과 크릭도 자신들의 연구가 나중에 어떤 영향을 미칠지, 훗날 DNA와 관련된 발견을 한 공로로 얼마나 더 많은 사람이 노벨상을 수상할지 즉각적으로 예견하지는 못했을 겁니다. 대단한 발견을 이뤄낸 과학자라 하더라도 그런 발견이 어떤 의미가 있는지 총체적으로 다 이해할 수는 없습니다. 그러기까지는 상당한 시간이 걸립니다. 과학은 돌 위에 다른 돌을 하나씩 쌓아나가는 과정과도 같습니다. 유일한 문제는 나중에 건물 전체를 지탱할 수 있을 만큼 단단한 돌인지를 반드시 확인해야 한다는 것입니다. 만약 그중에 약한 부분이 있다면 제대로 받쳐줄 수 없기 때문입니다.

—  교수님은 학교에서 아이들에게 과학을 가르치는 일에 활발하게 참여하고 계십니다. 아이들과의 과학 수업은 즐거우신가요?

그 시간이 정말 즐겁고, 나 같은 사람이 꼭 해야 할 일이라고 생각합니다. 백문이 불여일견이라는 말처럼 직접 보는 것만큼 효과적인 방법은 없기 때문입니다. 이야기를 들려주러 가면 그 아이들의 눈에 가장 먼저 들어오는 것은 바로 내가 사람이라는 사실입니다. 외계에서 온 ET가 아니라 걷고 말하는 사람이지요. 고대 히브리어가 아니라 그들과 같은 언어를 사용하고요. 의미 있는 일을 하고 사회에 기여하는 것이 더욱 중요하지 상 그 자체가 중요한 것이 아니라는 점을 알게 됩니다. 어떤 상을 염두에 두기보다는 무언가 수준 높고 훌륭한 일을 통해 사람들에게 도움을 주어야 합니다. 아이들은 이 모든 일들이 가능하다는 것을 깨닫게 됩니다.

—  교수님께서 지금까지 살아오면서 얻은 가장 큰 깨달음은 무엇입니까?

어떤 목표를 세우지 말아야 한다는 것입니다. 그 대신에 즐거운 경험들이 모여서 인생을 이룬다고 생각해야 합니다. 즐거운 일을 한 가지 해보고 그다음에는 또 다른 일을 경험해보는 것이지요. 예를 들어 '100만 불을 벌겠다'는 목표를 세웠다고 해봅시다.

목표를 세우지 말고 인생을 즐겨라

그러면 그 목표를 달성하자마자 200만 불, 300만 불, 400만 불을 벌고 싶어질 것입니다. 그냥 인생을 즐겨야 해요. 모든 경험을 통해 어떤 것을 배웠는지, 어떻게 하면 더 나아질 수 있을지 생각하면 인생을 즐길 수 있습니다. 나에게 인생은 신나는 모험으로 가득한 즐거운 여정입니다. 내 주변에는 괜찮은 커리어를 갖고도 지루함을 느끼는 사람들이 많습니다. 매일 직장에 출근해서 시계만 쳐다보고, 퇴근해서 집에 가거나 펍이나 다른 곳에 갈 생각만 하지요. 과학을 연구하면서 인생을 살아가면 한계가 없습니다. 과학은 항상 우리 주변에 있습니다. 나는 과학자로 살아온지 40년이 넘었는데 아직도 인생이 정말 즐겁습니다!

— **미래 세대에게는 어떤 조언을 건네고 싶으신가요?**

한 가지 분야에만 매달리지 말라고 조언하고 싶습니다. 한때 나는 의사였고 수술을 했습니다. 그러다가 그만두고 서른 살의 나이에 다시 학업을 시작해서 거의 처음부터 과학을 공부했습니다. 왜냐고요? 의학계에서 내과 의사나 외과 의사로 일하면서 살아간다면 앞으로 50년 동안의 삶이 만족스럽지 못할 것 같다는 기분이 들었기 때문입니다. 이제는 평균 수명이 길어져서 80대, 90대까지 삽니다.

노벨상 수상자인 리타 레비몬탈치니 Rita Levi-Montalcini와 가깝게 지냈었는데 그분은 103세까지 사셨습니다. 정말 놀라운

분이셨죠. 내가 평생 만나본 사람 중에서 가장 놀라운 분이라고
할 수 있습니다.

이제 인간의 수명이 더욱 길어졌는데 의학이든 뭐든 간에
다른 사람이 그렇게 하라고 했다고 해서 앞으로 50년이나 60년
을 그 분야만 공부하면서 사는 건 어리석은 일입니다. 젊은이들
은 가만히 눈을 감고 자기가 무엇을 좋아하는지, 남은 일생 동
안 무엇을 하고 싶은지 생각해봐야 합니다. 물질적인 부가 중요
한 것이 아닙니다. 미래를 즐기는 것이 중요합니다. 뭔가에 붙잡
히지 마십시오. 여러분 앞에는 수많은 날들이 남아 있습니다. 춤,
건축, 조각, 교육…… 무엇이든 자기가 진정으로 좋아하는 일을
하세요. 그것만이 행복의 유일한 원천입니다. 돈이 아니라요. 한
분야의 전문가가 되면 먹고살 만큼의 돈은 벌 수 있게 됩니다.
여러분이 무엇을 하고 싶은지에 대해서 충분히 깊이 있게 생각해
보기 바랍니다.

— 리타 레비몬탈치니는 1986년에 성장 인자growth factor를 발견한
　공로로 노벨상을 수상했습니다. 두 분의 우정에 관한 추억 이
　야기를 조금 들려주실 수 있을까요?

리타는 어떤 기준으로 보아도 영웅이었습니다. 무솔리니가 통치
하던 시절에 토리노에서 자랐고 반유대주의 법률 때문에 모국에
서 추방되었습니다. 미국에 가서는 이미 이탈리아에서 구상했던

목표를 세우지 말고 인생을 즐겨라

아이디어들을 펼쳤습니다. 난자가 어떻게 성장하고 배아가 어떻게 발달하는지, 즉 분화를 일으키는 원동력은 무엇인지에 관해 생각하기 시작했습니다. 세인트루이스에서 일하던 시절에 스탠리 코언 Stanley Cohen(미국의 생화학자로 1986년 리타 레비몬탈치니와 함께 노벨 생리의학상을 수상했다―옮긴이)을 만났는데, 그는 표피 表皮가 어떻게 성장하는지에 관해 연구하던 중이었습니다. 생화학자인 스탠리와 생물학자인 리타가 함께 연구해서 깜짝 놀랄 만한 발견을 해냈습니다. 훗날 리타는 이탈리아로 돌아가서 종신 상원의원으로 활동했습니다.

　물론 나는 나중에야 그분을 알게 되었습니다. 상당한 나이 차이를 고려하면 당연한 일이지요. 하지만 어떻게 보면 그분이 노벨상을 받으시기 전에 나를 입양한 것과 다름없다고 할 수 있습니다. 그분은 정말 멋진 분이었어요. 무엇보다도 아름다운 여성이었습니다. 언제나 우아한 의상과 보석으로 치장하시곤 했지요. 우리는 여러 차례 만났습니다. 심오한 인생 철학을 지닌 그분에게서 많은 것을 배웠습니다. 내가 이스라엘로 리타를 초청해서 나를 보러 오신 적도 있었는데 그때 정말 귀중한 선물을 건네주셨습니다. 리타의 쌍둥이 언니인 파올라는 천부적인 재능을 타고난 화가였는데 퇴행성 뇌질환으로 세상을 떠났습니다. 그래서 안타깝게도 노년까지 작품 활동을 하지는 못했지요. 리타는 파올라 레비몬탈치니가 마지막으로 남긴 작품 중 한 점을 저에게 선물해주었습니다. 우정에 관해서 말하자면 리타와의 우정이 내 평생 가장 중요했다고 말할 수 있습니다. 그분은 정말 믿을 수 없을 만큼 놀라운 분이었어요.

—　　우상이자 롤 모델이었겠네요.

나는 그분의 100번째 생일 축하연에 참석했습니다. 로마의 캄피돌리오에서 성대한 기념식이 열렸죠. 그 유명한 아우렐리우스 동상 근처였습니다. 그분이 일어서서 자신의 생각을 들려주고, 자기가 발견해낸 것들과 사회에 기여한 부분에 관해 말씀하시는 모습이 정말 멋졌습니다. 리타는 '인생의 풍경'을 지닌 분이었습니다. 저 높은 곳에서 인생을 내려다보고 인생 전체를 아우르는 법을 알았습니다. 그렇게 할 수 있는 사람은 매우 드뭅니다. 그분은 정말 특별한 분이었습니다.

—　　에드먼드 피셔 교수님, 리타 레비몬탈치니는 별세 당시 노벨상
　　　수상자 중에서 최고령자였습니다. 교수님은 1992년에 노벨 생
　　　리의학상을 수상하셨고 현재 노벨상 수상자 중에서 최고령자
　　　이십니다. 교수님은 리타를 어떤 분으로 기억하시나요?

1970~80년대에 회의나 다른 행사에서 그분을 몇 번 만나 뵌 적이 있습니다. 신경과학계의 위대한 여성Grande Dame 으로 통했고 모두가 그분을 마음으로 아끼고 존경했습니다. 예전에 내가 린

목표를 세우지 말고 인생을 즐겨라

체이 아카데미Accademia dei Lincei에서 수여하는 어떤 상의 심사위원으로 참여한 적이 있었는데, 그 일을 계기로 로마에 다시 방문했을 때 그분을 훨씬 더 잘 알게 되었습니다. 구체적으로 어떤 상이었는지는 기억이 나질 않네요. 레나토 둘베코Renato Dulbecco(이탈리아 태생의 미국 병리학자로 1975년 노벨 생리의학상을 수상했다—옮긴이), 리타, 그리고 내가 심사위원이었고 이탈리아의 생명과학자 세 명도 심사위원회에 포함되어 있었습니다. 그때 신생 혈관 형성에 대한 선구적인 연구를 수행한 주다 포크먼Judah Folkman이 상을 받았죠. 어쨌든 그 일로 며칠간 로마에 머물렀고 감사하게도 리타와 함께 많은 시간을 보낼 수 있었습니다. 그분은 몇 년 전까지 근무하셨던 세포생물학 연구소Institute of Cell Biology에서 강연할 기회를 내게 마련해주셨습니다. 그리고 운전기사가 딸린 전용 차량에 태워주셨고 여러 곳을 둘러볼 수 있게 해주셨어요. 멋진 레스토랑에서 맛있는 음식을 대접해주셨고 그분의 집에서 쌍둥이 자매인 파올라를 함께 만나기도 했습니다. 파올라는 체구가 작고 매우 연약해 보이는 분이었습니다. 우리는 이탈리아어로 담소를 나누었습니다. 그녀는 현대적인 조각품을 주로 제작하는 예술가였습니다. 나는 그렇게 연약해 보이는 분이 힘이 넘치고 견고한 예술 작품을 만들어낼 수 있다는 데에 정말 놀랐고 깊은 감명을 받았습니다.

그리고 금으로 된 귀중한 노벨 메달을 어수선한 책상 위에 놓인 플렉시글라스(유리처럼 투명한 합성수지—옮긴이) 사각 보관함에 담아둔 것을 보고 정말 놀랐습니다. 만일 집에 강도가 들어서 메달을 도둑맞으면 어쩌냐고, 완전히 미친 짓이라는 내 말을 듣고 그분은 그저 웃어넘겼습니다. 나라면 절대로 그렇게 하지 않을 것입니다. 그분의 집은 토를로니아 저택과 아주 가까웠고 노멘타나 거리가 내다보이는 곳이었습니다. 예전에 무솔리니가 살았던 거대하고 우아한 저택 두 채가 그 무렵에는 완전히 황폐해진 상태였습니다. 그래도 드넓은 공원이 있어서 한참 동안 즐겁게 산책을 하곤 했습니다. 공원에는 많은 아이들이 뛰어놀고 있었지요. 리타는 전쟁 당시 피렌체 남부에서 숨어 지내던 시절에 대해 상세하게 이야기해주었습니다. 그리고 세인트루이스에서 빅토어 함부르거와 함께했던 흥미로운 시절에 대해서도 알려주었습니다. 그 시절에 있었던 일들은 그분의 저서 《불완전함을 찾아서In Search of Imperfection》에도 실려 있습니다. 나는 리타에게 프리모 레비와 친척 관계인지 물어보았는데 그분은 아니라고 답했습니다. 어쨌든 두 분은 절친한 사이였습니다. 프리모 레비는 토리노의 자택 3층에서 추락해서 사망했습니다. 우울증에 시달렸기 때문에 언론에서는 사망 원인이 자살이라고 보도했는데, 리타는 그가 스스로 목숨을 끊었다는 사실을 결코 받아들이려 하지 않았습니다.

리타는 노벨상 수상 당시에 흥분과 기쁨을 느꼈지만 그 이후에는 이탈리아 정부와 국민들이 안겨준 영예와 특별 대우에 상당한 부담감을 느꼈고 어려움을 겪었다고 말했습니다. 내가 알기로는 평생 운전기사가 딸린 차량을 제공받았습니다. 정부에서 그분을 위해 새로운 연구소까지 지어줄 정도였죠. 그래서 노

목표를 세우지 말고 인생을 즐겨라

벨상을 수상한 지 몇 달 만에 우울해졌다고 합니다. 부담감이 너무 커서 스스로 감당할 수 있는 선을 넘어섰기 때문입니다.

리타는 갓 출간한 저서 《너의 미래Il Tuo Futuro》를 나에게 선물해주었습니다. 청소년과 청소년 교육에 관한 책이었는데, 주로 인생에서 의미 있는 일을 이루어낼 수 있도록 청소년을 독려하는 내용이 담겨 있었습니다. 솔직히 말해서 나는 그게 사소한 주제라고 생각했고 노벨상 수상자건 아니건 간에 '과연 젊은 이들이 나이 든 사람의 조언에 얼마나 귀를 기울일까?' 하는 회의감이 들었습니다.

그분은 '과학 헌장Magna Carta of Science'을 만드는 프로젝트를 새롭게 추진했고 상당한 열정을 보였습니다. 그리고 어떻게 하면 자신의 생각을 과학계에 최대한 잘 전달할 수 있을지 고민했습니다. 그래서 내가 차기 린다우 노벨상 수상자 회의에서 이 문제에 관해 연설을 하도록 권유했고 그분은 실제로 내 조언을 따랐습니다.[11] 나는 그분이 린다우에 오셔서 기뻤습니다. 파올라의 곁에 머물고 싶어서 이제는 여행이 내키지 않는다는 말씀을 예전에 하신 적이 있기 때문입니다. 물론 린다우 회의 덕분에 또다시 그분과 함께 시간을 보낼 수 있었습니다. 리타는 오전 세션의 기조 강연 때 헌장에 대한 자신의 견해를 발표했습니다. 하지만 내 생각에는 그다지 주목을 받지 못했던 것 같습니다. 사람들은 그분의 제안에 큰 관심을 보이지 않았습니다. 그게 리타의 마지막 린다우 방문이었고 내가 그녀를 만난 것도 그때가 마지막이었습니다.

— 감사합니다, 피셔 교수님! 이번에는 치에하노베르 교수님께 질문하겠습니다. 향후 과학적 발견의 전망은 어떻습니까?

우리가 지금까지 아무것도 발견하지 못했다는 것은 누구나 알고 있는 사실입니다. 앞으로 어떤 것이 발견될지 나에게 묻는다면 '전부입니다!'라고 답하겠습니다. 우리는 언제나 피상적인 수준에 머물러 있습니다. 예를 들어 뇌는 여전히 커다란 수수께끼입니다. 장기 교체는 초기 단계이고 조직공학tissue engineering도 마찬가지입니다. 유전자 편집gene editing이 고도로 발달하고 있지만 이와 관련된 윤리적인 문제들도 발생합니다. 과연 우리는 유전자 편집을 해야 할까요? 질병에 대해서는 어떻게 해야 할까요? 질병의 정의는 무엇일까요? 아기가 까만 머리카락을 갖기를 바라는 엄마에게는 금발이 '질병'이라고 할 수 있을까요?

우리 앞에 놓여 있는 문제들은 생물학뿐만 아니라 생명윤리와 관련된 경우도 많습니다. 우리는 이미 이런 측면들을 다루기 시작했고 그건 정말 흥미로운 일입니다. 우리는 다양한 도구를 개발해냈고 물리학과 화학, 생물학을 융합하기 시작했습니다. 자연은 과학의 분야를 구분하지 않습니다. 물리학은 전자 등 원자보다 작은 무명無名의 입자들 또는 힘에 관한 학문입니다. 화학은 물과 수소 등 우리가 사물을 파악하기 위해 이름을 부여하기 시작했을 때 생겨났습니다. 생물학은 이 모두가 하나로 모여 생명을 형성하는 것에 관한 학문이며, 의학은 이러한 복합체에서 뭔가 잘못된 경우를 다룹니다. 모든 과학 분야는 서로 이어져

목표를 세우지 말고 인생을 즐겨라

있는 연속체입니다. 단지 12세기에 이탈리아 사람들이 볼로냐에 최초의 대학을 설립했을 때 편의를 위해서 나눈 것입니다. 인위적인 분류이지요. 우리는 다시 기원으로 돌아가서 좀 더 복잡한 방식으로 자연을 관찰하기 시작하는 시대를 살고 있습니다. 이제는 시스템 생물학systems biology이라는 분야가 있고 화학에서는 생물학적 구조에 들어맞는 분자를 설계합니다.

— 경계境界가 아니라 교량橋梁이라는 말씀이시군요.

지금은 통섭의 시대입니다. 또한 컴퓨터를 계산에 활용하면 거대한 문제를 해결하는 데 도움이 됩니다. 학제 간 연구가 중요합니다. 문제와 구조, 상호작용 등을 해결하려면 컴퓨터가 필요합니다. 지금 우리는 새로운 시대의 초입에 서 있습니다.

과학이 거꾸로 된 나선형 구조라고 생각해보세요. 우리는 위로 올라가고 있지만 갈수록 나선이 더욱 넓어집니다. 과학에는 끝이 없고 발견에도 끝이 없습니다. 전부 '해결'되지는 않을 것입니다.

하지만 그게 바로 과학이 아름다운 이유입니다. 모든 문제가 다 해결되고 대학이 하나도 없고 모든 사람이 모든 것을 알고 있는 사회를 과연 상상할 수 있을까요? 그런 일은 결코 일어나지 않을 것입니다.

— 의학의 미래는 어떻게 될까요? '개인별 맞춤 의료personalized medicine' 시대가 도래할까요? 아니면 그보다 더 많은 변화가 일어날까요?

더 많은 변화가 일어날 것입니다. 개인별 맞춤 의료를 활용하면 유전적 돌연변이까지 고려해서 환자의 질병을 진단할 수 있습니다. 암을 예로 들자면 똑같은 암에 다른 원인이 존재하기도 하고, 각기 다른 유전적 돌연변이가 암을 유발하기도 합니다. 유방암만 하더라도 다양한 돌연변이가 원인으로 작용합니다. 하지만 우리가 알고 싶은 것, 그리고 알고 싶지 않은 것과 관련된 윤리적인 문제들이 존재합니다. 일단 환자의 DNA 염기서열을 분석하면 환자 본인이 알고 싶은 것 이상의 정보를 얻을 수도 있습니다. 예를 들어 특정한 장애가 생길 가능성을 알 수 있습니다.

[리로이 후드에 따르면] 21세기의 의학에는 '4P'가 있습니다. 개인화personalized가 첫 번째 P입니다. 두 번째 P는 예측predictive입니다. DNA를 읽어낼 수 있다면 내가 어떤 질병에 걸릴지를 예측할 수 있다는 뜻입니다. 세 번째 P는 예방preventive입니다. 어떤 일이 일어날지를 알 수 있다면 필요한 조치를 취할 수 있습니다. 네 번째 P는 참여participatory입니다. 환자의 관여도에 변화가 일어날 것입니다. 과거의 가부장적인 접근 방식에서 앞으로는 서로 더욱 협력하는 방향으로 나아가게 될 것입니다.

목표를 세우지 말고 인생을 즐겨라

— 인터넷에서 (진짜든 가짜든) 방대한 정보를 얻고 스스로 진단을 내린 상태에서 의사를 찾아가는 경우는 피할 수 있다면 좋겠습니다만······.

하지만 누가 이런 정보를 보관해야 할까요? 이런 정보를 누구와 공유해야 할까요? 과연 우리는 과학의 도덕률과 관련된 문제들을 잘 알고 있을까요? 앞으로 과학은 더욱 안전해져야 할 것입니다. 물론 이것은 엄청난 혁명이지만 지금까지 과학은 이미 수차례의 혁명을 경험한 바 있습니다. 또한 의료 비용을 고려해야 합니다. 앞으로 의료비는 더욱 높아질 것입니다. 우리는 의료 접근성 문제를 해결해야 합니다. 세계 대부분의 지역에서 이러한 과학적 발전의 혜택을 누리지 못하고 있습니다. 평등과 사회에 대해서 깊이 생각해볼 필요가 있습니다. 과학의 경계를 훌쩍 뛰어넘는 문제들에 관해서도 고려해보아야 합니다.


— 앞으로 대학은 어떻게 변화할까요?

대학에도 상당히 큰 변화가 일어날 것입니다. 특히 학제 간 연구가 더욱 활발해질 겁니다. 우리는 학부의 경계를 부수고 대학에서 각기 다른 '결과물'을 만들어내야 합니다. 생물학과 화학의 언어를 이해하는 물리학자들이 필요합니다. 그 반대의 경우도 마찬가지입니다. 환자들이 생성해낼 데이터의 바다에서 데이터 분석을 통해 새로운 물결을 찾아내는 것이 매우 중요해질 것입니다. 또한 데이터 보관과 기밀 유지 문제도 중요합니다. 모든 것이 변화하겠지만, 이미 우리는 끊임없이 변화하는 사회 속에서 살아가고 있습니다.

목표를 세우지 말고 인생을 즐겨라

### Chapter 6

# 단순함을
# 유지하려는 태도

팀 헌트
Tim Hunt

---

사람은 이미 이루어진 일은
결코 인식하지 못한다.
오로지 앞으로 해야 할 일만
눈에 보일 뿐이다.

• 마리 퀴리 •

—     팀 헌트 박사님의 아버님은 중세 시대에 관한 연구로 저명한 학
      자이셨습니다.

그렇습니다. 중세 사학자였죠.


—     어린 시절에 집에서 오래된 필사본을 봤을 때 흥미를 느끼셨나
      요? 좀 더 폭넓게 말하자면 역사의 정취에 매력을 느끼셨나요?

단호하게 '아니요'라고 답하겠습니다. (웃음) 나중에야 비로소
역사에 훨씬 더 깊은 관심을 가지게 되었습니다. 언젠가 세르비
아로 여행을 갔는데 그전까지만 해도 동방 정교회를 전혀 접해
본 적이 없었습니다. 그런데 같이 여행하던 사람과 어느 교회에
들어갔을 때, 사뭇 다른 양식을 보고 완전히 매혹되었지요. 국
경 바로 건너편에 있는 크로아티아에도 갔었는데 그곳은 가톨
릭 국가였습니다. 예전에는 가톨릭과 동방 정교회의 차이를 주
의 깊게 살펴본 적이 없었어요. 나는 1054년에 소위 '동서 대분열
Great Schism'로 두 교회가 서로 분리되었다는 사실을 알게 되었
습니다. 그리고 삼위일체 교리에 상당한 관심을 갖게 되었습니
다. 아버지와 가장 친한 친구이자 나의 대부이기도 한 저명한 중
세 사학자가 계신데, 그분이 바로 이 시기의 기독교 교회사에 관
한 책을 저술하셨다는 걸 알게 되었죠. 직접 읽어보니 상당히 학
구적이고 전문적인 시각에서 교회사를 다룬 책이었는데, 분리가

단순함을 유지하려는 태도

발생하게 된 원인과 미묘하면서도 과학적인 교리의 차이에 관한 내용도 실려 있었습니다. 이는 그리스도의 신성神性 및 삼위일체의 개념과 연관되어 있습니다. 이런 것들을 우리 할머니께는 설명 해드릴 수가 없었습니다. 마치 핀 위에서 춤추는 천사들(여러 명의 천사가 한곳에 존재할 수 있는가에 관한 중세 신학의 논의를 가리킨다. 현대에는 '의미 없고 소모적인 논쟁'을 뜻하는 비유적 표현으로 쓰인다—옮긴이)처럼요. 그럼에도 나는 이 분야에 대해 분명히 공감하고 공명하는 면이 있습니다. 이처럼 생각이 진화해온 과정을 풀어내는 학문이 세포가 어떻게 작동하는지를 밝혀내는 학문과 사실상 크게 다르지 않기 때문입니다. 그런 점이 정말 멋지다고 생각했습니다.


― **어떻게 본다면 재발견이나 일종의 계시라고 할 수도 있겠네요.**

정확한 표현입니다. 아버지가 중세 사학자였기 때문에 그런 부분에 특히 더 공명할 수 있었습니다. 우리 부모님은 상당히 독실한 기독교인이셨기 때문에 나는 어릴 때부터 동정녀 탄생 등의 개념들을 접하면서 자랐습니다. 당시에 내가 삼위일체의 교리를 제대로 이해했는지는 잘 모르겠지만요. 일곱 살 무렵에는 라틴어를 꽤 좋아했지만, 다른 아이들과 비교하면 실력이 점점 뒤처지고 있다는 사실을 알게 되었습니다. 하지만 그런 깨달음도 도움이 되었습니다. 아직 어린 나이인 열한 살이나 열두 살 즈음에 생물학에 소질이 있다는 것을 알게 되었으니까요. 내가 어떤 분야에서는 남들보다 뒤떨어지지만 다른 무언가는 잘할 수 있다는 사실을 발견하는 것은 실로 엄청난 선물이죠.


— 그래서 역으로 어떤 분야에서 재능을 발휘할 수 있는지를 알고 계셨던 것이군요.

그렇습니다. 나는 자라면서 진로를 선택할 필요가 없었습니다. 그냥 자연스럽게 어떤 분야에 이끌렸으니까요.


— 이제 중세 시대를 떠나서 근대사와 과학사에 대해 간략하게 이야기를 나눠보도록 하겠습니다. 교수님은 역사에 업적을 남기셨고 마찬가지로 그런 업적을 쌓은 분들과 교류하셨습니다.

그렇습니다. 스스로 '과학계의 금수저'로 자랐다고 생각합니다. 노벨상 수상자들을 여럿 만났고 그중 많은 분과 상당한 친분이 있습니다.


— 케임브리지에서는 다수의 노벨상 수상자들과 직간접적으로 함께 연구하셨지요.

단순함을 유지하려는 태도

모든 분이 나에게 다양한 것들을 가르쳐주셨습니다. 정말 흥미로웠어요. 나의 진정한 과학 영웅인 프랜시스 크릭Francis Crick에서부터 시작되었지요. 그분은 다른 누구보다도 더 뛰어난 분이었습니다. 정말 명석한 두뇌의 소유자였죠.

— 프랜시스 크릭은 1962년도 노벨상 수상자입니다. 제임스 왓슨 James Watson과 함께 DNA를 발견한 공로로 상을 받았죠.

이론물리학의 회절回折 이론부터 가장 생물학적인 문제에 이르기까지 모든 분야를 다 이해하셨던 분입니다. 나중에는 의식에 관한 연구를 수행하시기도 했습니다. 실제로 의식에 대한 이해에 상당한 기여를 하셨는지는 내가 아직 확실히 이해하지 못했지만요.

— 의식에 관한 문제는 이 책의 후반부에서 다시 다룰 예정입니다.

돌이켜보면 프랜시스 크릭은 언제나 친절하고 사려 깊게 행동했습니다. 대화를 나눌 때마다 내가 참여 중인 연구의 면면을 잘 알고 계신다고 느꼈습니다. 그분을 통해 배운 핵심적인 교훈이 바로 명확성의 중요함입니다. 그분은 주제와 상관없이 흥미로운 분야의 세미나에는 모두 참석하곤 했습니다. 세미나에 오셔서 뒤편에 앉아 계시다가 가끔 질문을 던지셨는데, 자신의 지적 수준을 과시하기 위해서가 아니라 사물을 명확하게 파악하기 위한 질문이었습니다. 어떤 사람들은 잘난 체를 하거나 강연자의 미흡한 점을 지적하려는 의도로 고약한 질문을 하곤 했지만, 그분은 결코 그런 적이 없었습니다. 그게 정말 멋있었죠.

분자생물학 연구소Laboratory of Molecular Biology의 작은 카페에서 가끔 그분과 함께 점심 식사를 했던 시절이 있습니다. 자리에 앉고 나서는 요즘 어떤 연구를 하고 있는지, 어떤 생각을 하고 있는지에 관해 이야기해주셨습니다. 그 자리에 모인 모든 사람이 대화에 참여할 수 있도록 항상 배려해주셨지요. 모두에게 최신 정보를 알려주셨고 모든 것에 명확성을 기하기 위해 주의를 기울이셨습니다. 정말 훌륭한 모습을 보여주셨어요. 그분의 그런 면이 진심으로 존경스러웠습니다. 그리고 위대한 과학자들의 엄청난 이질성異質性도 정말 고무적이었습니다. 정해진 길이 있는 게 아니라는 사실을 깨달을 수 있었기 때문입니다. 만약 프레더릭 생어Frederick Sanger가 누군지 모르는 사람이라면 그분을 정원사나 경비원으로 오해할 수도 있었을 겁니다. 프레드는 부드러운 어조로 대화했고 조용하고 겸손한 분이었습니다.

—  프레더릭 생어는 1958년에 '단백질, 특히 인슐린의 구조에 관한 연구'[12]로 노벨 화학상을 수상했습니다.

그분은 나에게 무척 친절하게 대해주셨고 내가 박사후 펠로십을 받는 데 영향을 미쳤습니다. 내 인생에서 상당히 중요한 시점이었죠. 이런 분들은 관심을 가질 만하다고 판단한 사람들을 음지에서 조용히 도와주셨습니다.


—   '생체기관의 발생 및 예정된 세포 사멸의 유전학적 조절에 관한 발견'[13]으로 2002년 노벨 생리의학상을 수상한 시드니 브레너Sydney Brenner는 어땠습니까?


특별한 분이었습니다. 예전에는 무서운 분이기도 했었죠. 나는 최근에 들어서야 그분을 더욱 잘 알게 되었습니다. 그분은 오키나와 과학기술대학원대학OIST의 초대 총장이었는데 그곳에서 내 아내가 일했습니다. 그분이 그 기관을 설립하셨지요. 그분이 일하시는 모습을 지켜보았는데 정말 흥미로웠습니다. mRNA(메신저 리보핵산)이라는 존재의 필요성을 최초로 이해했던 위대한 선구자였어요. mRNA의 발견은 진정한 의미의 패러다임 전환이었습니다. 그분은 비범하고 박학다식한 분이셨어요. 강의도 아주 훌륭했습니다. 그런데 나를 비롯한 생화학과 학생들은 그분의 강의를 수강하는 것이 금지되어 있었습니다. 이미 공부할 게 많다는 이상한 이유에서였죠. 하지만 진짜 이유는 몇몇 사람들이 그분을 싫어했고, 그분도 그런 사람들을 싫어했기 때문입니다.

— 그렇다면 1962년에 '구상단백질의 구조에 관한 연구'[14]로 노벨 화학상을 공동 수상한 맥스 퍼루츠Max Perutz는 어떤 분이셨나요?

언젠가 이런 이야기를 들은 적이 있습니다. 1950년대에 맥스 퍼루츠가 구상단백질의 구조에 관한 강의를 했고 많은 사람의 호응을 얻었는데, 비교적 잘 알려지지 않은 장소에서 강의가 이루어졌습니다. 나중에 드디어 생화학과에서 강의해달라는 요청을 받았을 때 맥스는 정말 기뻐했죠. 하지만 막상 강의를 하러 갔더니 아무도 강의실에 오지 않았다고 합니다.


— 믿기 어려운 일이군요.

아까 언급했던 것처럼, 이번에도 생화학과 학생들은 그 수업을 듣지 말라는 지시를 받았기 때문입니다. 생화학과와 분자화학과 간의 마찰이 매우 심각했습니다! 정말 터무니없고 우습고 어리석은 상황이었죠.


— 한 인간으로서 그리고 교수로서 맥스 퍼루츠는 어떤 사람이었나요?

맥스는 복잡한 인물이었어요. 자기 자신이 특별하고 중요한 사람이라고 생각했지만 스스로 만족하는 모습을 남들에게 보여주길 꺼렸습니다. 저녁 5시에 강의를 하곤 했는데, 전등을 다 끄고 조교들을 시켜서 헤모글로빈 모델을 가져오게 했지요. 그러고는 어두운 교실에서 강의를 하다가 손전등을 비춰서 특정한 부분이나 잔여물을 보여주었습니다. 길고 힘들었던 하루가 끝나가는 저녁 무렵에 그런 수업을 듣고 있으면 지루하기도 했고 이해가 잘 안 갈 때도 있었습니다. 그래서 죄송하지만 가끔 수업 시간에 졸기도 했습니다. 하지만 그분은 분자생물학 연구소를 이끄는 소장으로서 뛰어난 역량을 발휘했고 유능한 인재들을 선발했습니다. 언젠가 연구소의 연례 강좌 때 내 친구의 동료가 와서 멋진 강연을 한 적이 있었습니다. 강연이 끝난 후에 나는 그에게 감사를 표하면서 이렇게 말했습니다. "정말 훌륭한 강연이었습니다!" 그때 근처에 있던 그분이 그 말을 듣더니 이렇게 말씀하셨지요. (성대모사를 하며) "아니, 정말 훌륭한 과학이었습니다." 어떤 면에서는 그분도 나의 영웅이었습니다.

—  그러면 '면역계의 발생과 조절의 특수성 및 단일클론항체 생산 원리의 발견에 관한 이론'[15]으로 1984년에 노벨 생리의학상을 수상한 세사르 밀스테인César Milstein은 어떤 분이셨나요?

세사르는 정말 위대한 분이죠. 나는 그분을 정말 좋아했습니다.

탁월한 능력을 갖춘 인재였어요. 안타깝게도 본인의 시대가 도래하기 전에 세상을 떠나셨죠.

—　혹시 우리가 깜박 잊고 언급하지 않은 분이 있을까요?

물론 그다음 세대, 우리 세대의 연구자들도 있습니다. 그중 로저 콘버그Roger Kornberg(미국의 구조생물학자로 2006년 노벨 화학상을 수상했다―옮긴이), 마틴 챌피Martin Chalfie, 앤드루 파이어Andrew Fire(미국의 생물학자로 2006년 노벨 생리의학상을 수상했다―옮긴이), 존 설스턴John Sulston(영국의 유전학자로 2002년 노벨 생리의학상을 수상했다―옮긴이) 등은 다들 잘 아시겠지요.

—　다음 장에서 마틴 챌피를 만날 예정입니다.

우리가 어린 시절에 동경했던 왓슨과 크릭, 그리고 다른 영웅들과 동등한 수준에 올랐다고는 생각해본 적이 없습니다.

—　하지만 이제는 그런 영웅들의 반열에 오르셨습니다.

우리는 흥미진진한 문제들을 연구했고 함께 대화를 나눴습니

단순함을 유지하려는 태도

다. 가끔은 서로 도와줄 수 있었고 때로는 그러지 못했습니다. 우리는 연구에 몰입했고 무언가를 발견하기 위해 열심히 노력하는 것이 중요했습니다. 한 걸음씩 꾸준히 차근차근 앞으로 나아갔어요. 과학은 복잡하고 어려운 것이 아니라 매우 단순합니다. 분석하고 측정하고 적절한 통제를 실시하다 보면 우연히 흥미로운 결과를 얻게 됩니다. 물론 그렇지 않을 때도 있습니다. 연구가 그리 순조롭게 진행되지 않는 경우가 훨씬 더 많으니까요. 그런 순간은 매우 절망적이지만, 그래도 괜찮습니다. 우리가 '미래의 노벨상 수상자'가 되리라고는 꿈에도 생각해본 적이 없습니다. 하지만 훗날 우리는 실제로 노벨상을 받게 되었습니다. 앞에서 말씀드린 것처럼 명확성의 문제로 다시 돌아가봅시다. 그냥 단순하게 생각하세요. 우리의 뇌는 이 정도 크기밖에 되지 않습니다. 지나치게 똑똑해지기를 바란다면 어디로 가는지도 모르는 채로 헛된 공상에 잠겨 헤매게 될 것입니다.

— 교수님의 커리어가 막 시작되던 무렵에 어떤 사건이 발생했습니다. 자칫 잘못하면 끔찍한 결과로 이어질 수도 있는 일이었지만, 오히려 뜻밖의 전화위복으로 다시 새롭게 시작하는 계기가 되었습니다. 1974년에 교수님의 실험실이 화재로 소실되었지요. 다른 곳으로 이전하셔야 하는 상황이었는데 그때 맥스 퍼루츠가 교수님께 도움을 주었습니다. 백지 상태에서 다시 시작하는 건 어땠습니까?

그야말로 멋진 경험이었습니다.

— **어떻게 불운한 사건을 통해서 좋은 결과를 얻을 수 있었습니까?**

글쎄요, 그때의 상황은 이랬습니다. 토요일 아침 7시쯤 동료인 리처드 잭슨에게서 전화가 걸려왔습니다. "실험실이 불타버렸어요. 굳이 올 필요는 없어요. 남은 게 하나도 없거든요." 그래도 실험실로 달려가서 귀중한 시료 몇 개는 구해냈습니다. 하지만 그 외에는 모든 것이 전부 잿더미가 되어버렸습니다. 우리가 기록했던 연구 노트와 문서도 모두 사라졌지요. 그 무렵 연구하고 있던 과제를 이해하는 데 어려움을 겪고 있었기 때문에, 기록이 다 없어진 게 오히려 잘된 일이었어요. 마치 교회에서 고해성사를 하는 것처럼요. 전에는 낡고 오래된 실험 장비가 대부분이었는데, 고마운 동료들의 도움 덕분에 새로운 곳에서 반짝이는 실험 기기를 갖춘 멋진 새 연구실을 마련할 수 있었습니다. 맥스는 우리한테 카페에서 점심 식사를 해도 된다고 말해주었고, 나는 그곳의 여러 연구자와 깊은 친분을 쌓을 수 있었습니다. 마치 신선한 공기를 마시는 듯한 기분이 들었지요. 또한 고루한 분위기의 생화학과에서 살짝 떨어져 지낼 수 있었습니다. 분자생물학 부서에는 괜찮은 상점들도 있었어요. 우리는 병원 구내식당에서 저녁 식사를 하곤 했는데 사람들과 어울리기에 참 좋은 곳이었죠. 흡연 구역에서든 다른 어느 곳에서든 우연한 기회에 얻게 되는

단순함을 유지하려는 태도

정보를 간과해서는 안 됩니다.

— 중대한 발견이 처음에는 회의적인 반응을 얻거나 비판에 직면하는 경우가 종종 있습니다. 교수님은 '세포주기의 핵심 조절인자'[16]에 관한 실험으로 2001년에 릴런드 하트웰Leland Hartwell, 폴 너스 경Sir Paul Nurse과 공동으로 노벨 생리의학상을 수상하셨습니다. 교수님께서 노벨상을 수상하게 된 발견을 했을 때 주변 사람들의 반응은 어땠습니까?

상당히 회의적이었어요. 하지만 나 자신은 지금 믿을 수 없을 만큼 중요하고 흥미로운 발견을 해냈다는 사실을 뼛속 깊이 알고 있었습니다.

— 그리고 마침내 노벨상 수상을 알리는 전화가 걸려왔지요.

정말 굉장한 소식이었죠. 하지만 받아들이기가 쉽지 않았어요.

— 그렇게 말씀하시는 이유는 무엇입니까?

이 분야가 처음 발전할 당시에 내가 좋아하고 존경하고 높이 평가하는 여러 사람과 연구 협력이 아주 순조롭게 이루어졌거든요. 폴 너스와 릴런드 하트웰은 유전학 연구로 수상했는데, 생리학 및 생화학 연구 쪽에는 수상할 가능성이 있는 사람들이 여럿 있었습니다. 그중에 내가 수상자로 선정된 건 단지 운이 좋았기 때문입니다.


— 운이 좋았다고요?


'기회는 준비된 자에게 온다'는 파스퇴르의 명언이 있는데 그게 바로 나한테 해당되는 말입니다. 나는 마음의 준비가 매우 잘되어 있었던 것 같습니다. 내가 다른 사람들만큼 머리가 좋거나 재능이 뛰어나지 않다는 건 잘 알고 있습니다. 그저 운이 좋았던 것이지요. 어쩌면 앞서 말씀드린 것처럼 케임브리지에서 명확성에 대한 훈련을 받은 것이 상당히 큰 도움이 되었는지도 모르겠습니다. 단순함을 유지하려는 태도 말입니다.


— 단순함을 유지하려는 태도를 지니라는 말씀은 미래 세대의 과학자들에게 금과옥조와도 같은 조언이네요.


나도 그렇게 생각합니다. 나는 그 사실을 훨씬 젊었을 때 깨달았습니다. 우리 모두에게는 롤 모델이 있는데, 그런 사람들은 믿을 수 없을 만큼 똑똑합니다. 우리도 그렇게 똑똑해지려고 애써봤지만 단순함을 유지할 수 있을 만큼 똑똑하지는 못했습니다. 서너 가지 요인이 상호작용을 하기 시작하면 이미 상황이 너무 복잡해지니까요. 나는 요즘 시스템 생물학으로 통하는 분야의 많은 부분에 상당한 의구심을 갖고 있습니다. 사람들은 모든 것을 완전히 측정하면 마치 불사조처럼 진실이 드러나고 전체적인 상황이 명확해질 거라고 생각합니다. 하지만 과학 연구란 그렇게 이루어지지 않습니다. 과학은 안개가 자욱한 풍경 속으로 걸어 들어가는 것과 비슷합니다. 그 어떤 것도 명확하게 알아볼 수가 없습니다. 안개가 걷히고 나면 비로소 여기에 있는 나무 한 그루, 저기에 있는 작은 수풀이 보이기 시작하고, 그러면 어느 방향으로 나아가야 할지가 분명해집니다. 하지만 안개는 어김없이 다시 내려앉습니다. 이렇게 명확성이 드러나는 순간이 정말 귀중한데, 그런 일은 한 10년에 한 번 정도 있을까 말까 하지요.

— **명확성이 안개 속에서 우리를 이끌어줄 수 있군요.**

내 경험에 비추어 볼 때 무엇이 어떻게 작동하는지를 미리 추측하기란 상당히 어렵습니다. 그러다가 마침내 상황이 시야에 들어오면 그동안 왜 그렇게 많은 시간이 걸렸을까 자문하게 됩니다. 돌이켜보면 해결책은 언제나 당연하고 필연적인 것이었습니다.

— 하지만 시간이 흐른 뒤에 돌이켜볼 때만 그 사실을 알 수 있다
  고요?

네, 그렇습니다. 회고를 통해서만 알 수 있죠. 언젠가 프랜시스 크
릭이 이런 취지의 말을 한 적이 있습니다. '생물학에는 언제나 수
없이 많은 가능성이 있기 때문에, 그중에서 자연이 어느 쪽으로
진화하기로 결정했는지를 택하는 것은 쉽지 않다.' 아마도 향후
5년에서 10년, 아니면 100년에서 1,000년 후에 돌아본다면 정말
흥미로울 것 같습니다. 예를 들어 뇌가 어떻게 생각하는지에 관
한 비밀들이 밝혀질까요? 나도 잘 모르겠습니다. 단언하기가 어
렵습니다. 마치 뇌에 존재하는 장소 세포place cell의 발견처럼요.


— 그게 바로 2014년에 노벨상을 받게 된 발견이었지요. 그때 스
  톡홀름에서 노벨 강연을 들었는데, 핵심 주제가 '뇌 속의 GPS'
  였습니다.

그러니까 우리 머릿속에 실제로 지도가 있다는 거군요! 하지만
우리는 이런 지도에서 어떻게 정보를 얻을 수 있는지에 대해서는
아직 전혀 모릅니다. 다시 시드니 브레너의 이야기로 돌아가봅
시다. 그가 선충의 뇌를 연구한 이유는 유전학과 신경해부학을
결합하면 이 벌레에 관해 많은 것을 알 수 있을 거라고 생각했기
때문입니다. 〈벌레의 마음The mind of a worm〉이라는 제목의 논문

을 발표하기도 했지요. 하지만 그가 벌레의 마음을 이해하지는 못했습니다. 그리고 우리가 그 마음을 이해할 수 있게 된다 하더라도 그 벌레의 뇌가 어떤 경향을 보이는지, 뇌와 행동이 서로 어떤 관계인지를 예측할 수는 없을 것입니다. 정말 흥미로운 문제입니다!

— **우리는 과학의 미래를 예측할 수 없습니다.**

이다음에 어디에서 중대한 발견이 나올지는 전혀 예측 불가능하며 결코 알 수가 없습니다. 이 점을 인정하는 것이 중요합니다. 우리는 우리가 알고 싶어 하는 것이 무엇인지를 알고 있습니다. 예를 들어 나는 뇌가 어떻게 작동하는지를 알고 싶습니다. 그걸 알 수 있다면 정말 좋겠지만 지금 우리는 모릅니다. 다른 비유를 들어 설명하자면 내가 지금까지 해온 연구 활동은 돌을 뒤집어서 그 아래에 무엇이 있는지를 확인하는 작업과 비슷합니다. 그냥 모래나 흙이 있는 경우가 대부분이지만, 가끔 여기서 흥미로운 것이 발견되기도 합니다. 중요한 건 어떤 것을 발견하게 될지 모른다는 점입니다. 시간이 흐른 뒤에야 '아, 당연히 그럴 수밖에 없지!'라고 말하게 됩니다. 하지만 꼭 그럴 수밖에 없었던 것은 아닙니다. 어떤 것을 설명하는 데는 수백만 가지의 방법이 있습니다. 미래를 예측할 수 있다고 주장하는 사람들은 어떤 상황에 직면하게 될지를 이해하지 못합니다. 그리고 생물학에서는 항상 놀랄 만한 일이 생기지요.


— 　그리고 그것이 과학의 아름다움이라고 할 수 있지요.

그게 바로 과학의 아름다움입니다. 하지만 여기에는 커다란 '반대 이유'가 존재합니다. 나는 이것을 대사의 문제라고 부릅니다. 언젠가 태국 주재 영국 대사가 참석한 자리에서 강연을 한 적이 있습니다. 그분은 상당히 멋진 분이었지만 과학자는 아니었습니다. 나한테 이렇게 말하더군요. "정말 훌륭한 강연이었습니다. 그런데 저는 강연 내용을 거의 이해하지 못했습니다." 액정에 관한 연구로 노벨상을 수상한 프랑스의 물리학자 피에르질 드젠 Pierre-Gilles de Gennes은 《소프트 인터페이스Soft Interfaces》라는 책을 집필했습니다. 책의 끝부분에는 스타일에 관한 내용이 실려 있는데, 아름다운 과학적 아이디어를 설명하는 일의 어려움에 대한 이야기가 담겨 있지요. 그에 따르면 음악과 같은 분야는 누구나 즉각적으로 접근하고 이해할 수 있습니다. 예를 들어 보고타의 플루트 연주자라고 해봅시다. 음악은 아름답고 누구나 음악의 아름다움에 반응합니다. 이와 대조적으로 과학의 아름다운 아이디어들은 해당 분야에서 상당한 기간 동안 훈련을 거친 사람들만이 이해할 수 있는 경우가 많습니다. 때로는 다른 분야의 과학자들조차 과학의 아름다운 아이디어들을 이해하기 어려운 경우도 있습니다. 그 내용을 온전히 이해하기 위해서는 몇 년에 걸쳐서 방대한 배경지식을 쌓아야 하기 때문입니다.


—    그게 과학을 설명하는 것의 문제점이지요.


우리 딸이 일곱 살 때 나한테 이런 질문을 한 적이 있습니다. '아빠, 천장은 왜 불투명해요?' 빛은 천장을 통과하지 못합니다. 그런데 창문의 유리는 천장처럼 단단하지만 빛이 곧바로 통과합니다. 과연 어떻게 된 일일까요? 이 문제를 제대로 이해하려면 양자론에 대한 깊이 있는 지식이 필요한데, 나는 잘 모릅니다. 수학적인 측면에서 내 능력 밖에 있는 문제입니다. 스톡홀름 주재 영국 대사가 주최한 오찬에서 노벨상 수상자인 에런 클루그Aaron Klug에게 빛이 어떻게 통과하는지를 물어보았습니다. 그랬더니 일단 슈뢰딩거 방정식을 이해해야 한다고 하더군요. 슈뢰딩거 방정식이 무엇인지 찾아보았더니 −1의 제곱근으로 시작하는데, 예전에 수학을 배울 때 내가 고전하던 부분이었습니다. 어찌어찌 개념까지는 이해할 수 있다 하더라도 자유자재로 능숙하게 다룰 수는 없습니다. 빛이 유리를 통과한다는 것은 사실인데, 왜 빛이 유리는 통과하고 벽은 통과하지 못하는지 나는 이해하지 못합니다.


—    그러면 따님에게는 어떻게 답변해주셨나요?

딸의 질문 덕분에 나도 이 문제를 탐구하게 되었습니다. 학교에서는 아무도 이런 것들을 우리에게 설명해주지 않았고, 우리도 그냥 당연한 것으로만 받아들였습니다. 나는 이런 종류의 질문을 따라가다 보면 굉장히 아름다운 개념들을 만나게 된다는 사실을 알게 되었습니다. 깊이 있고 흥미로운 개념들입니다. 물리학은 어렵습니다. 수학을 잘하지 못하면 끝이니까요. 그래서 물리학은 내 능력 밖의 분야입니다. 생물학은 그보다는 쉬웠습니다. 개념들이 그렇게까지 어렵지는 않으니까요. 하지만 이에 관해서는 또 다른 일화를 소개하고 싶습니다. 싱가포르에서 열린 노벨상 수상자들의 모임에 참석한 적이 있었는데, 그때 앤서니 레깃Anthony Leggett을 만났습니다.

— 앤서니 레깃은 헬륨-3의 특성을 발견한 공로로 노벨상을 받았습니다. 양자역학에 대한 이론적인 설명을 제공했지요.

그분의 이야기는 정말 흥미로웠습니다. 알고 보니 중고등학교나 대학에서 과학은 전혀 공부하지 않고 라틴어와 그리스어, 역사, 철학, 문학, 언어를 공부했다고 합니다. 앤서니 레깃은 앞으로 무엇을 해야 할지 고민하다가 철학을 염두에 두었습니다. 그런데 곰곰이 생각해보니 철학 이론에는 다소 자의적인 면이 있다는 것을 깨달았고, 그래서 실험철학에 가장 가깝게 접근할 수 있는 분야인 물리학을 연구하기로 마음을 먹었습니다. 문제는 그리스어와 라틴어에서 이론물리학으로 어떻게 전환하는가였습니다. 그분의 노벨 강연을 한번 읽어보시기 바랍니다. 진짜 흥미진진합니다.

—  저도 꼭 읽어보겠습니다!

레깃은 징병 요건에 해당했기 때문에 원래는 군대에 가야만 했습니다. 그런데 그 무렵 러시아가 스푸트니크를 발사하는 바람에 갑자기 국가적으로 물리학자들이 필요한 상황이 되었습니다. 레깃은 정말 영리한 젊은이였어요. 라틴어와 그리스어만 할 줄 알고 철학을 조금 공부한 상태였지만, 어느 교환교수 덕분에 학교에서 추가로 수학 수업을 들었던 것이 큰 도움이 되었습니다. 옥스퍼드에서 2년간 물리학 속성 과정을 마쳤고 그 이후의 일들은 다들 아시는 대로입니다. 레깃에게는 항상 언어적 재능이 있었습니다. 그건 진짜 멋진 일이죠. 과학만 할 필요는 없으니까요. 어쩌면 학교 교과목으로 과학이 들어가지 말았어야 할까요? 그래도 나는 학창 시절에 과학 과목이 있었고 과학을 배울 수 있었던 걸 다행으로 생각합니다.

—  한편 과학자의 인생은 좌절과 맞서 싸우는 일이기도 합니다. 교수님의 삶에서 가장 힘들었던 시기는 언제였습니까? 그 시기

**를 어떻게 극복해내셨나요?**

내가 결코 어떤 발견을 해내지 못할 것 같다고 생각했던 시기가 상당히 길었습니다. 좋은 문제를 찾아내는 것은 어려운 일입니다. 학창 시절에 나의 영웅이었던 노벨상 수상자 피터 메더워 Peter Medawar 는 주옥같은 에세이를 여러 편 썼고《생각하는 무의 회고록Memoir of a Thinking Radish》이라는 책도 펴냈습니다. 또한《해결 가능성의 기술The Art of the Soluble》이라는 책에는 이런 문제에 관한 글이 담겨 있습니다. 그는 사람들이 어려운 문제에 도전한 과학자들을 기억하는 것이 아니라 흥미로운 문제를 해결한 과학자들을 기억한다고 말했습니다. 흥미로우면서도 해결 가능한 문제를 찾아내는 것이 가장 중요한 과제입니다. 그건 결코 쉬운 일이 아닙니다. 어느 시점에 그 문제를 해결할 수 있는지는 절대로 알 수가 없습니다. 나의 경험에 비추어 보면 좋은 문제를 풀어내는 데는 약 5년에서 10년 정도가 걸립니다. 어려운 문제여야만 합니다. 만약 지나치게 쉬운 문제라면 다른 사람이 먼저 해결할 것이기 때문입니다. 어떻게 보면 연구실 화재 덕분에 내가 연구해야 할 문제에 더욱 집중할 수 있었던 것 같습니다. 상황이 안 좋을 때는 (실제로 상황이 안 좋아질 때가 많습니다) 다른 사람들이 나보다 더 잘하고 있는지, 내가 어떤 상태인지 알 수 없습니다. 그저 계속 앞으로 나아가는 수밖에 없습니다. 내 경우를 돌이켜보면 연구 이외에는 무얼 어떻게 해야 할지 몰랐던 것입니다.

단순함을 유지하려는 태도

—　2015년 7월에 있었던 일에 대해서는 상당히 유감스럽게 생각합니다. [인터넷을 검색해보면 무슨 일이 있었는지 쉽게 확인할 수 있다. 세부적인 사항에 관해 이미 해명이 이루어졌다.] (2015년 서울에서 열린 '세계과학기자대회'에 참석했을 때 여성 비하 발언을 한 것으로 알려져 물의를 일으킨 사건을 가리킨다. 해명에도 불구하고 논란이 거세져 결국 재직하던 대학의 명예교수직에서 사임했다—옮긴이)

그때는 상당히 불편한 상황이 일어났습니다. 개인적으로 큰 타격을 받았고 당혹스럽기도 했습니다. 내가 무슨 말을 할 수 있겠습니까? 그때는 내 생각이 짧았습니다.

—　대화를 나누는 동안 여러 권의 책에 관해 언급하셨는데요, 교수님은 독서광이신가요?

최근에는 세드리크 빌라니Cédric Villani라는 수학자가 쓴 책을 읽었습니다.

—　그분은 2010년에 필즈 메달을 받았습니다.

《살아 있는 정리Théorème vivant》이라는 책이었어요. 싱가포르에서 그를 만난 적이 있습니다. 나는 과학사에 관한 책을 좋아합니다.

— 저도 과학사를 정말 좋아합니다.

과학사에서 많은 것을 배울 수 있습니다. 영웅들에게서도 배울 것이 많지요. 어쩌면 요즘 사람들한테는 그리 인기가 없는지도 모르지만 나는 언제나 과학사에서 영감을 받곤 했습니다. 처음으로 읽은 책은 마리 퀴리의 전기였는데 그때 깊은 감명을 받았어요. 양자역학의 역사에 관한 책도 정말 좋아합니다. 상당히 읽기 어려웠고 시간이 꽤 오래 걸렸어요. 슈뢰딩거, 하이젠베르크, 디랙, 파울리, 도모나가. 정말 대단한 선구자들이고 너무나도 놀라운 사람들이었죠. 때로는 이렇게 과학사에서 핵심적인 역할을 했던 사람들을 직접 만나서 이야기를 나눌 기회를 얻은 적도 있습니다. 일본 오키나와에서 어느 이사회의 일원으로 참여했는데 구성원 중에 흥미로운 분들이 많았습니다. 한번은 제롬 프리드먼Jerome I. Friedman과 함께 택시를 탄 적이 있습니다. 내가 이렇게 물어보았죠. "제롬 씨는 어떤 연구로 노벨상을 받았습니까?" 그러자 이렇게 답하더군요. "내가 참여한 연구 그룹에서 실시한 실험을 통해서 쿼크의 존재를 최초로 입증했습니다." 그래서 내가 이렇게 말했습니다. "와! 어떻게 쿼크를 발견하셨나요?" 그랬더니 그가 나한테 처음부터 끝까지 모든 이야기를 다 들려주었습니다. 택시 뒷자리에서요!

<br>

— **정말 흥미로운 일화네요. 위대한 이야기, 위대한 사람들이라는 생각이 듭니다.**

나는 이런 사람들을 알고 있습니다. 그들은 어떻게 보면 상당히 평범한 인간입니다. 어떤 면에서는 괴짜 같은 구석이 있겠지만 다른 면에서는 완벽히 보통 사람입니다. 그들은 우리가 몰랐던 사실들을 발견해냈고 이로써 우리의 인식과 이해의 폭을 상당히 넓혀주었습니다. 정말 굉장한 일입니다. 이렇게 경이롭고 특별한 성취의 상당 부분은 내가 케임브리지에서 받은 교육 덕분이기도 합니다. 케임브리지에서 우리는 항상 의문을 갖고 문제를 제기하곤 했습니다. 우리가 이 사실을 어떻게 알까? 앞으로 어떤 실험을 해야 할까? 어떻게 다음 단계를 알아낼 수 있을까? 이처럼 끝임없이 자연을 탐구했습니다. 과학 연구는 고귀한 일이자 낭만적인 일입니다. 진실과 가치, 엄격한 자기반성, 그리고 정직을 추구하고 탐색하는 과정이 과학의 전부입니다. 자연은 언제나 이렇게 말하고 있습니다. '네 생각이 틀렸어.' 나는 이런 말을 자주 합니다. '자연은 항상 우리의 발목을 물고 있다.' 연구가 잘될 때는 그 사실을 알지만 연구가 잘 풀리지 않을 때는 마치 자연과 대화를 나누는 것과 비슷합니다. 때로는 자연이 이런 말을 건네는 것만 같습니다. '음, 맞아. 그래서 뭐가 어떻다는 거야?'

— 마치 자연에 대한 도전 같네요. 고귀한 일이기도 하고 때로는 노벨상을 탈 수 있는 일이기도 하죠.

지금까지 연구하면서 정말 즐거웠습니다. 함께 일하는 사람들 덕분에 재미있게 연구할 수 있었어요.

— 진정한 의미의 협력이 필요하군요.

그렇습니다. 친구와도, 심지어 라이벌과도 협력해야 합니다.

단순함을 유지하려는 태도

### Chapter 7

# 모두가 모두의 멘토다

마틴 챌피, 해밀턴 스미스, 요한 다이젠호퍼
Martin Chalfie, Hamilton O. Smith, Johann Deisenhofer

나는 정말 아름답고 오래 남는 것을 만들어내지는 못했다.
하지만 만약 단 한 명의 젊은이라도 나에게 영감을 받아서
자기가 지닌 재능을 발전시킬 수 있다면,
나의 업적은 그의 작품 안에 있을 것이다.

• 오거스타 새비지 •

— 마틴 챌피 교수님, 2010년에 교수님의 멘토이신 로버트 펄먼 Robert Perlman이 교수님의 강연을 소개해주셔서 제가 교수님을 처음 뵙게 되었습니다. 멘토가 있다는 것과 멘토가 된다는 것은 어떤 의미를 지닐까요?

참 멋진 질문이군요. 최근에 내 멘토가 누구였는지 생각해본 적이 있습니다. 단지 한 사람이 아니라 수많은 사람이 내 멘토가 되어주었습니다. 물론 단 한 사람에게서 엄청난 영향을 받아 누군가의 인생이 달라졌다는 이야기도 종종 듣지만, 내 경우에는 상당히 많은 분께 조언을 듣거나 도움을 받았습니다. 특히 부모님께 감사한 부분이 큽니다. 내가 다양한 관심 분야를 자유롭게 탐색할 수 있도록 허락해주셨지요. 그런데 부모님은 학문과는 거리가 멀었습니다. 대공황 시기에 성장기를 보낸 분들이었어요. 아버지는 고등학교도 졸업 못 하셨고 어머니는 등록금을 낼 형편이 안 되어서 대학을 그만두셔야 했습니다. 하지만 부모님은 나에게 격려와 지지를 아끼지 않으셨습니다. 내가 과학에 흥미를 느끼고 다양한 활동에 몰두하는 모습을 보시고 언제나 행복해하셨습니다.

부모님은 든든하게 나를 지원해주셨습니다. 아버지는 기타리스트였고 나는 3형제 중 장남이었습니다. 내가 열두 살쯤 되었을 때 아버지께서 기타를 선물해주셨습니다. 아버지는 매우 흥미로운 방식으로 기타를 가르쳐주셨는데, 그게 평생 기억에 남습니다. 저한테 '그렇게 하는 게 아니라, 이렇게 해야지!'라는 말을 하신 적이 없습니다. 직업이 기타리스트였으니 어떻게 연주해야 하는지는 잘 알고 계셨지요. 그저 기타를 어떻게 연주하는지를 보여주셨지, 단 한 번도 내가 뭔가 잘못하고 있다고 지적하시지 않았습니다. 이런 방식으로 나를 지지해주셨던 아버지의 모습이 항상 놀랍고 감동적이었습니다. 아버지는 내심 아들이 배웠으면 좋겠다고 생각하신 것을 내가 실제로 배울 수 있도록 진심으로 응원하고 지지해주셨지만, 나에게 어떻게 하라고 강요하시지는 않으셨어요. 그때 더 잘 배워두었다면 좋았을 걸 그랬네요!

과학 분야에는 다양한 멘토들이 있습니다. 훌륭한 과학자가 될 수 있는 방법을 알려주는 사람들뿐만 아니라 진정한 인간성을 보여주는 사람들도 있습니다. 내가 처음 대학에 들어갔을 때 2학년을 대상으로 하는 미적분 강의를 들었는데, 대학 입학 후 첫 수업이었습니다. 수업을 시작하면서 교수님이 이렇게 말씀하셨습니다. "이 강의에는 교과서가 없네. 대신 내가 여름 동안 파리에 있는 카페에서 메모를 잔뜩 해두었지." 그 말을 듣고 나는 혼자 이렇게 생각했습니다. '그게 바로 내가 하고 싶은 건데!' 정말 멋있어 보였습니다.

그 후에는 나에게 훨씬 더 의미심장한 영향을 미친 사람들을 만나게 되었습니다. 예를 들어 대학 시절에 정말 훌륭한 과학자인 우디 헤이스팅스Woody Hastings 교수님의 세포생리학 수업을 들었습니다. 생물발광bioluminescence을 연구하신 분인데 몇 해 전에 별세하셨지요. 그분이 강의를 맡으셨는데, 그때 나는 처리해야 할 다른 일들 때문에 운영 시간 내에 도서관에 가지 못했습니다. 생물학 도서관에 가서 그 강의를 듣기 위해 공부해야 하는 책들을 빌리려면 열쇠가 필요했습니다. 그래서 4층에 있는 교수님의 연구실에 찾아갔습니다. 도서관은 1층에 있었습니다. 교수님께 열쇠가 필요하다고 말씀드렸고 그 이유를 설명했습니다. 교수님은 알겠다고 하셨고, 나는 아마도 간단한 허가증을 적어주실 거라고 생각했습니다. 하지만 교수님은 그렇게 하지 않았습니다. 대신에 자리에서 일어나시더니 이렇게 말씀하셨습니다. "나를 따라오게." 교수님은 4층에서부터 1층까지 걸어 내려가서 도서관 사무실로 가셨습니다. "이 친구한테 열쇠가 필요하다는군. 열쇠를 내어주길 바라네." 이렇게 마음을 써주시는 모습은 그때까지 다른 교수님들에게서 본 적이 없었기 때문에 나는 깊은 감명을 받았습니다.

또한 조엘 로즌바움Joel Rosenbaum과 론 모리스Ron Morris처럼 연구를 통해 중요한 역할을 해주고 상당한 도움을 주신 분들도 있습니다. 나는 케임브리지에서 그분들을 만났고 우리는 대화가 잘 통했습니다. 어느 날, 각기 다른 시간에 두 분 모두 나에게 이렇게 말씀하셨습니다. "만약 자네에게 추천서가 필요하다면 내가 흔쾌히 써주겠네." 나는 이때의 경험에서 정말 중요한 교훈을 얻었습니다. 훌륭한 과학자들은 다른 사람들의 연구에 깊은 관심을 갖고 있기 때문에 기꺼이 도움을 준다는 것을 알게 되었지요. 그건 정말 멋진 일이었죠.

모두가 모두의 멘토다

— 그렇다면 제가 교수님의 강연을 처음 들었을 때 함께 무대에 계셨던 로버트 펄먼은 어떤 분이셨나요?

나에게 로버트 펄먼은 최고의 박사과정 지도교수였습니다. 그때 나는 경험이 부족했고 스스로에 대한 확신이 없었습니다. 대학을 졸업하고 3년 만에 대학원에 들어갔습니다. 대학원 입학 직전까지 연구실에서 근무했고 그곳에서 처음 논문을 발표해서 어느 정도 자신감은 있는 상태였지만 이제 막 시작하는 단계였죠. 다행스럽게도 로버트 펄먼의 연구실에 배정되었고, 그의 연구실 바로 바깥에 내 책상이 있었습니다. 펄먼 교수님은 거의 항상 방문을 열어두고 지내셨어요. 그분한테는 바보 같은 생각이나 말도 안 되는 아이디어도 얼마든지 편하게 이야기할 수 있었습니다. 당시에 내가 깊은 인상을 받거나 흥미롭게 여겼던 이상한 아이디어들에 관해 마음껏 떠들 수 있었죠. 누군가가 나에게 기꺼이 자신의 시간을 할애해준다는 게 정말 좋았습니다. 그분은 함께 일하기 참 좋은 분입니다. 답답한 문제들도 정말 재미있고 신나게 해결해나갈 수 있었으니까요. 펄먼 교수님은 분명히 나에게 가장 중요한 멘토 중 한 분입니다. 나중에 박사후과정을 할 때는 상황이 달라졌죠. 그때는 케임브리지 분자생물학 연구소의 시드니 브레너가 내 지도교수였거든요. 브레너 교수님은 펄먼 교수님과는 상당히 달랐습니다.

—   팀 헌트 교수님과 노벨상 수상자인 시드니 브레너에 대해 잠시
    이야기를 나눈 바 있습니다. 그 당시에 교수님도 케임브리지에
    계셨지요.

그때 브레너 교수님은 본인의 연구 활동을 진행하면서 박사후연구원을 받아주셨습니다. 처음부터 분명했던 것은 일종의 '독립 계약자'처럼 혼자서 모든 것을 알아서 해야 한다는 사실이었습니다. 뭐든 자기가 원하는 분야를 연구하되, 그분의 프로젝트에 참여하는 것은 아니었죠. 분자생물학 연구소에서는 상당히 경이로운 경험을 할 수 있었고 시야가 더욱 넓어졌습니다. 뛰어난 과학자들과 훌륭한 동료들에게서 많은 것을 배웠습니다. 그분들 모두가 나의 멘토였습니다. 그 연구소에는 그동안 꿈꿔왔던 실험 장비들이 모두 갖춰져 있었고, 그중에 없는 것이 있다면 만들어줄 수도 있었습니다. 그리고 필요한 비품은 대부분 구비되어 있었습니다. 모든 것이 사용 가능했습니다. 이런 상황은 정말 멋진 한편 조금 무섭기도 했습니다. 이제는 구체적으로 어떤 것을 연구해야 할지, 언제까지 논문을 준비해야 할지 등 모든 것을 스스로 결정해야 한다는 사실을 불현듯 깨달았습니다. 그 시기에 연구소에 있던 많은 사람이 전성기를 맞이했습니다. 반면에 어려움을 겪는 사람들도 있었습니다. 어떻게 보면 모든 사람에게 좋은 환경은 아니었습니다. 그러나 나는 존 화이트, 존 설스턴, 조너선 호지킨, 로버트 호비츠 및 여러 동료들과 교류하고 소통할 수 있다는 것이 정말 기쁘고 행복했습니다. (우리 연구팀의 인

모두가 모두의 멘토다

원은 열네 명이었습니다.) 모두가 모두의 멘토였고 많은 것을 배울 수 있었습니다. 무척 훌륭한 과학 연구의 전통에 동참할 수 있어서 가슴이 뛰었습니다. 그곳의 수준에 맞추려면 더 높은 연구 성과를 내야만 했습니다. 그 점이 중요했고, 그래서 흥미진진하기도 했습니다.

브레너 교수님이 내 멘토이기는 했지만 그분의 멘토링은 내가 마음대로 연구할 수 있도록 그냥 내버려두는 방식이었습니다. 2002년 노벨 생리의학상 수상자 명단을 들여다보면 신기한 기분이 들었습니다. 세 분 모두 내 인생에서 정말 특별하고 중요한 역할을 해주셨기 때문입니다. 브레너 교수님은 나에게 놀라운 기회를 주셨고 열렬히 지지해주셨습니다. 비록 그곳에서 보낸 5년 동안 그분과 과학에 대해 이야기를 나눈 것은 1년에 한 번 정도였지만 말입니다.

존 설스턴과는 대부분의 연구를 함께 했습니다. 그분이 처음 시작했는데 나중에 다른 연구 과제로 넘어가면서 손을 놓게 된 프로젝트가 있었습니다. 촉각 민감성과 촉각에 이상이 있는 돌연변이에 관한 연구였습니다. 그리고 내가 케임브리지에 오기 직전에 로버트 호비츠에게 이런 말을 들었습니다. "존 설스턴이 놀라운 돌연변이들을 보유하고 있는데 이에 관한 연구를 하지 않을 예정이라네. 자네가 그 프로젝트를 넘겨받는 건 어떨지 생각해보게나." 상당히 괜찮은 아이디어였지요! 존 설스턴에 관해서 마지막으로 한마디만 덧붙이고 싶습니다. 그는 내가 만나본 사람 중에서 가장 훌륭한 실험주의자일 뿐만 아니라 가장 윤리적인 사람이기도 했습니다. 특히 다른 사람들과 어떻게 소통해야 하는지, 과학을 연구하는 사람으로서 어떤 모습을 보여야 할지에 대해 기준을 세워주었습니다. 나는 이런 부분에서 그분께 상당히 큰 영향을 받았습니다. 그분은 정말 훌륭한 분이고 수많은 사람을 도와주셨습니다. 나에게도 친절을 베풀어주셨습니다.

그리고 마지막으로 우리 연구실에서 함께 일하는 사람들이 바로 나의 멘토입니다. 그들이 나한테서 배운 것만큼 나도 그들에게서 수많은 것들을 배웠습니다. 연구실에서 최고의 상호작용은 멘토와 학생들, 박사후연구원들 사이에서가 아니라 동료들 간에 이루어집니다. 어떤 지점에 이르면 모두가 서로 소통하면서 자기 몫을 해내게 되고 각자의 자존심이나 이기심이 사라지는 순간이 옵니다. '논문을 쓰려면 이런 걸 해야 하는데'라든가 '이런 부분이 걱정스럽다'는 생각에 빠지는 대신에, 곧바로 연구에 관해 함께 논의할 수 있는 친구들이 상당히 많다는 점에서 나는 진정한 행운아입니다. 연구실에서 만난 훌륭한 동료들이 놀라운 점은 (열띤 토론 끝에) 일단 어떤 제안을 이해하고 나면 누가 그런 아이디어를 냈는지에 관계없이 다들 "그래, 내가 한번 해볼게"라고 말하고는 연구를 하러 간다는 것입니다. 우리는 함께 일하고 그 과정이 정말 재미있습니다. 나는 우리 연구실 사람들에게서 많은 걸 배웠습니다. 그리고 내 아내와 딸에게서도 많은 걸 배웠습니다. 사람들은 타인에게서 많은 것을 배웁니다. 그게 상호작용이지요. 그런 모습은 정말 멋지다고 생각합니다.

모두가 모두의 멘토다

— 대학원생이 훗날 대학 교수가 되려면 보통 박사후과정을 거칩니다. 박사후연구원 자리를 얻으려면 연구자에게 연락을 취하고 탄탄한 지원서를 작성해야 합니다. 2014년에 린다우에서 교수님을 뵈었을 때, 박사후연구원 신청서를 어떻게 준비하면 될지 저에게 다양한 조언을 해주셨던 것으로 기억합니다.

일종의 캠페인을 벌이고 있는 셈이지요. 내가 보기에는 박사후연구원 신청서의 99퍼센트가 잘못된 방식으로 작성되는 것 같습니다. 내 나름의 캠페인을 통해서 최대한 많은 학생을 설득하고, 그 학생들이 주변의 친구들한테도 널리 공유할 수 있도록 노력하고 있습니다. 이 방법이 언제나 효과가 있는지는 잘 모르겠지만요.

내가 컬럼비아 대학교에서 지난 30여 년간 재직하면서 받아본 신청서들은 대개 이런 문장으로 시작했습니다. '안녕하십니까? 저는 교수님의 연구실에서 박사후연구원으로 일하고 싶습니다.' 서두에는 '교수님의 연구 활동이 마음에 듭니다' 같은 듣기 좋은 말이나 칭찬이 들어가고, 나중에는 '제 이력서를 첨부해서 보내드립니다. 여기에 적혀 있는 세 분은 저를 위해서 추천서를 써주실 수 있습니다'라는 말로 끝맺습니다. 그러고는 그대로 제출해버리는 겁니다. 이런 편지는 수백, 수천 명에게 보낼 수 있습니다. 그 안에 담긴 실질적인 내용이 전혀 없는 거죠. 내가 지적하고 싶은 점은 졸업할 때는 더 이상 대학원생 티를 내지 말아야 한다는 것입니다. 그 대신에 동료가 되어야 합니다. 그러려면 신청서도 완전히 달라져야 합니다. 동료로 합류하는 거라면 자기가 어떤 분야를 연구하고 싶은지에 관한 아이디어가 이미 머릿속에 들어 있는 상태여야 하기 때문입니다. 나는 이런 방식으로 지원서를 작성해야 한다고 알려줍니다. '교수님의 연구 활동에 관한 자료를 읽어보았고 이에 관해 깊이 생각해보았습니다. 제가 교수님의 연구실에서 어떤 활동에 참여하고 싶은지에 대해서 2~3장 분량의 제안서를 준비했습니다.' 특히 이 제안서를 통해서 여러분이 어떤 생각을 지니고 있는지, 향후 연구 활동에 얼마나 열정이 있는지를 실제로 여러분을 고용할 가능성이 있는 상대방에게 보여줄 수 있습니다. 그리고 지원자도 동료 자격으로 연구실에 합류하는 데 열의를 가질 수 있습니다. 무엇보다 이것은 여러분이 직접 생각해낸 아이디어입니다. 나는 열정을 지닌 박사후연구원들을 만나고 싶습니다. 그들이 연구 프로젝트에 헌신하기를 바랍니다. 만약 본인의 연구 프로젝트라고 생각하고 애착을 보인다면 그런 사람은 연구실에 와서도 잘 적응할 준비가 되어 있는 것입니다.

또 이런 말을 덧붙일 수도 있습니다. '혹시 미발표 연구가 있다면 그와 관련된 연구 활동에 참여하는 것도 기꺼이 고려할 의향이 있습니다.' 여기서 '그 일을 기꺼이 하겠습니다'라고 적지 않는 편이 좋습니다. 해당 학생이 테크니션이나 부차적인 지위로 연구실에 합류하는 것은 아니기 때문입니다. 이렇게 하면 자기 스스로 아이디어를 낼 수 있다는 점을 알려줄 수 있습니다. 그다음에 '여기에 적혀 있는 세 분은 저를 위해 추천서를 써주실 수 있습니다' 같은 말은 제발 덧붙이지 않으면 좋겠습니다. 정말 끔찍한 문장이라고 생각합니다. 만약 어느 가게의 일자리를 구하는 사람이 있다고 칩시다. 과연 그 사람이 가게에 들어가서 '저는 여기서 일하고 싶은데, 저를 고용하려면 그쪽에서 이렇게 해주시면 됩니다'라고 말할까요? 대신에 이렇게 적어야 합니다. '제가 이 세 분께 추천서 작성을 부탁드렸습니다. 혹시 사흘 이내에 추천서 세 통을 받지 못하신 경우에는 저에게 연락해주시기 바랍니다.' 이런 말을 덧붙일 수도 있습니다. '저에게 적합한 몇몇 펠로십에 대해 알아보았습니다. 저는 이 회의에 참석할 예정인데 혹시 교수님께서도 오신다면 그때 직접 뵙고 이야기를 나눌 수 있다면 좋겠습니다. 그 회의에서 만나 뵐 수 있을까요? 아니면 스카이프로 화상 회의를 마련해주실 수 있을까요?' 지원자가 자신의 커리어를 공들여서 쌓아간다는 점을 보여줄 수 있는 방법이라면 무엇이든 환영입니다. 이렇게 하면 학생들은 멘토를 단지 괜찮은 연구실에서 함께 일하는 사람이 아니라 자신의 목표를 달성하는 데 중요한 역할을 하는 존재로 인식하게 됩니다.

— 귀중한 조언 감사합니다! 교수님께서는 수영을 즐기신다고 들었습니다.

요즘에는 자주 하지 못합니다. 예전에는 수영을 잘했지요. 앞으로도 수영은 놓지 않으려고 합니다.

— 하버드 대학교 수영팀의 주장이셨고, 1학년 때 100야드 접영 종목에서 무패 행진을 하셨습니다.

오래전 일이라 나도 기억이 가물가물하군요!

— 〈하버드 크림슨The Harvard Crimson〉(하버드 대학교의 교내 신문─옮긴이)의 기사를 찾아보았습니다.

나도 그 기사를 읽어보고 싶군요. 정말 멋진데요! 하지만 그게 큰 의미가 있는 것 같지는 않습니다. 실제 경기 때는 100야드가 아니라 200야드 기록으로 겨루거든요. 내가 매번 이긴 것도 아니었고요. 그러니까 100야드에서는 무패 행진을 했을 수도 있겠네요. 대회에서는 100야드는 안 하니까요! 정말로 기억이 잘 나지 않습니다. 그저 그럭저럭 수영을 잘하는 축에 들었어요. 수영하는 게 즐거웠고 팀원들과 우정을 나눌 수 있어서 좋았습니다.

　　대학은 이상한 곳입니다. 적어도 여기 미국에서는 그렇습니다. 대학 입학은 거대한 변화를 상징하니까요. 이미 형제자매가 있는 사람들도 많겠지만 대학에 들어가면 룸메이트와 새로운 친구들을 만나고 새로운 관계를 맺게 됩니다. 함께 수업을 듣는 친구들이 생기는데, 그 후의 인생에서는 그런 일이 일어나지 않습니다. 이제 성인이니까요. 하지만 스스로 무언가를 하지 않는다면 대학 생활은 상당히 외로울 수도 있습니다. 물론 룸메이트가 있는 것도 좋지만, 나한테는 수영팀에서 활동하며 매일 친구들을 만나는 게 도움이 되었습니다. 그게 안정감을 주는 구심점 역할을 했어요. 연구실도 그런 장소가 될 수 있지요. 꼭 수영팀이나 아카펠라 합창단, 연극반에 들어가야 하는 것은 아닙니다. 연구실에서 일하면서 연구실 동료들과도 친구가 될 수 있으니까요. 나는 이렇게 안정감을 주는 환경이 꼭 필요하다고 생각합니다.

— 수영팀을 승리로 이끄는 것과 연구실에서 훌륭한 성과를 내는 것 중에서 어느 쪽이 더 어려울까요?

내가 팀을 승리로 이끌었다는 생각은 한 번도 해본 적이 없습니다. 4학년 때 팀원들이 나를 주장으로 뽑아준 것은 기뻤죠. 하지만 그때쯤에는 고학년 학생들은 대부분 떨어져 나가고 팀에 남아 있는 사람이 나밖에 없었거든요! (웃음) 수영팀의 일원으로 활동한 경험은 참 좋았습니다. 수영팀에서는 한 시즌 동안만 주장을 맡았고 연구실에서는 더 오랜 시간 동안 책임자 역할을 했죠.

사람들에게는 저마다 적절한 관심이 필요하다는 점이 상당히 중요합니다. 어떤 사람들에게는 브레너 교수님이 나한테 그랬듯이 자기가 하고 싶은 연구를 마음껏 할 수 있도록 그냥 내버려두는 것이 관심의 표현입니다. 우리 연구실에는 창의적이고 자기주도적인 사람들도 있었고, 내가 더 자주 말을 걸지 못한

게 아쉬운 사람들도 있었습니다. 나는 주로 간섭하지 않고 맡겨두는 편입니다. 연구에 관해 논의하는 것은 정말 좋아하지만 특정한 실험 등 개별적인 문제를 해결하는 것은 그리 즐기지 않습니다. 개괄적인 관점에서 이야기하는 것을 좋아합니다. 내 연구실에서 일하는 사람들이 마침내 연구 성과를 논문으로 정리하는 시점에 다다르면 바로 그때가 진정한 출발점입니다. 연구 결과를 검토하고 그 의미에 관해 생각해보고 어떻게 해석해야 할지에 대해서 고민해야 합니다. 논문에 이미 결론이 포함된 이야기의 개요가 실려 있는 경우가 많습니다. 하지만 모든 데이터를 검토해보면 당초에 예상하지 못했던 또 다른 이야기를 발견하게 됩니다. 연구실에서 이런 상황을 수차례 겪었지요. 어쩌면 내 방식이 과학을 연구하는 가장 훌륭한 방법은 아닐지도 모르지만, 어떤 데이터를 얻게 되면 예전에는 미처 생각하지 못했던 질문들을 떠올리게 됩니다.

여기에는 문제가 있습니다. 내가 이 문제에 제대로 대처했는지는 나도 잘 모르겠습니다. 연구가 잘 진행되는 사람의 경우에는 실험이 순조롭게 이루어지고 많은 데이터가 산출되기 때문에 논문을 작성할 때 논문을 어떻게 써야 할지, 여러 데이터를 어떻게 조합하고 분석해야 할지를 배워나가는 과정을 거치게 됩니다. 그러나 어떤 사람에게는 그게 쉽지 않고 실험이 제대로 진전되지 않을 때도 있습니다. 나는 연구원들과 개별적으로 주 1회 면담을 갖고 연구실 회의 때도 함께 이야기를 나누지만, 그런 회의와 면담은 당면한 상황과 문제를 즉시 해결하는 것과 관련되어 있습니다. 연구 과정에서 어려움을 겪고 있는 사람들, 그리고 정기적으로 논문을 작성하는 데 익숙하지 않은 사람들과는 일시적인 개별 논의 시간만 가졌다는 사실을 알아차렸습니다. 한편 더 자주 논문을 작성하는 사람들은 완전히 다른 관점을 지니고 있었습니다. 그런 사람들과는 주로 프로젝트 전반에 관한 이야기를 나누었고 각각의 부분이 어떻게 하나로 합쳐지는지에 관해서 논의했기 때문입니다. 나는 첫 번째 그룹의 사람들이 충분한 관심을 받지 못하고 있다는 점을 깨달았습니다. 만약 언제든 논문을 작성할 만한 주제가 있다면 지금까지 수행했던 연구를 바탕으로 일단 논문 작성에 착수하라는 조언을 해주었습니다. 그러면 지금 자기가 무엇을 연구하고 있는지 더욱 폭넓은 관점에서 파악할 수 있기 때문입니다. 그런데 때로는 이런 접근 방식에 반발하는 경우도 있어서 이 방식이 정말 효과가 있는지는 아직 잘 모르겠습니다. 나는 사람들이 자기주도적으로 독자적인 연구를 실시할 수 있도록 맡겨두는 편입니다.

— 하지만 때로는 실험이 잘되지 않는 경우도 있습니다…….

가끔 대학원생들과 박사후연구원들이 나에게 종종 이런 질문을 합니다. '교수님은 실험이 잘 안될 때 어떻게 좌절감을 극복하시나요?' 연구 책임자는 여러 사람과 함께 일하는 경우가 많습니다. 그중에서 어떤 사람의 실험이 순조롭게 진행되면 연구 책임자는 기분이 좋아집니다. 그러면 문제를 겪고 있는 다른 실험들에 대해서는 속상한 마음이 누그러집니다. 그래서 때로는 두 가지 이상의 프로젝트를 동시에 진행하는 것이 과학 연구에 도움이 됩니다. 그러면 하나에 싫증이 날 때 다른 프로젝트를 추진할 수 있습니다.

— 교수님은 '녹색형광단백질GFP, green fluorescent protein을 발견하고 개발한' 공로를 인정받아 노벨 화학상을 수상하셨습니다. 노벨상 원고를 발표하기 위해서 최종적으로 제출하기 전에 넘어야 할 산이 하나 있었습니다. 바로 사모님이었습니다. 마지막 실험 결과가 아직 나오지 않은 상황이었는데, 사모님이 그 부분을 담당하고 있었습니다. 사모님은 교수님이 다음과 같은 세 가지 조건을 수락하면 (원고를 제출할 수 있도록) 데이터를 공유하겠다고 제안했습니다. '1) 앞으로 두 달 동안 매주 토요일 아침 8시 반까지 커피를 준비한다. 2) 날짜를 정해서 저녁 식사로 특별한 프랑스 요리를 직접 준비한다. 3) 앞으로 한 달 동안 저녁에 쓰레기를 비운다.'[17] 1번 항목과 3번 항목은 기한이 있었는데 2번 항목은 그렇지 않았습니다. 실제로 프랑스 요리를 준비해서 대접하셨나요?

아내는 내가 이 세 가지 조건 중에 하나도 제대로 지키지 않았다고 주장합니다. 정말 재미있는 일이었죠. 위의 조건들은 내가 노벨 강연 때 보여준 편지에 적혀 있었습니다. 가끔 이 멋진 편지에 대해서 농담을 하곤 합니다. 유머러스한 내용도 들어 있지만 내 아내가 수행했던 중요한 연구에 대해 알릴 수 있는 계기가 되기도 합니다. 아내는 오로지 혼자서 본인의 연구를 수행했습니다. 1994년에 《사이언스》에 발표한 논문에서 우리는 유전자의 조절 인자를 통해 녹색형광단백질을 발현시키면 어디에서, 언제, 얼마나 많은 단백질이 만들어지는지를 볼 수 있다는 것을 밝혀냈습니다. 아내의 실험은 다음 단계에서 중요한 역할을 했습니다. 전체 유전자의 조절 영역과 코딩 영역을 연구했고 코딩 영역을 녹색형광단백질에 융합시켰습니다. 최초의 단백질 융합을 해낸 것입니다. 단백질이 이동하는 모습을 확인할 수 있었다는 점에서 정말 중요한 실험이었습니다.

— 노벨상 수상자의 수는 최대 세 명으로 제한되어 있습니다. 2008년에 교수님의 노벨상 수상(시모무라 오사무, 로저 첸과 공동 수상)이 발표되었을 때, 1990년대 초에 수정 해파리Aequorea victoria를 연구했던 더글러스 프래셔Douglas C. Prasher는 노벨상을 받지 못했습니다. 교수님은 그분이 놀라운 기여를 하셨다는 점을 항상 인정하셨고, 그래서 과학계의 신사라는 평을 들었습니다. 지금 그분은 헌츠빌의 자동차 대리점에서 고객들을 실어나르는 운전기사로 일하고 있습니다.

더글러스는 언제나 협력자 역할을 해주었습니다. 우리가 1994년에 《사이언스》에 발표한 논문의 마지막 저자였고, 로저 첸의 논문에서도 중간 저자였던 것으로 기억합니다. 더글러스의 기여가 없었다면 그런 실험들이 불가능했을 것입니다. 그는 연구에 매우 중요한 역할을 담당했습니다. 또한 녹색형광단백질이 표지자marker일지도 모른다는 아이디어를 독자적으로 생각해냈습니다. 그런데 문제는 노벨상 수상자가 세 명으로 제한된다는 점입니다.

— 매년 분야당 노벨상 수상자 수를 세 명으로 제한하는 규정이 이제는 바뀌어야 할까요?

수많은 후보를 검토하고 그중에서 누가 노벨상을 받아야 하는지 단 세 명만 추려내는 일은 정말 지독하게 어려울 것 같습니다. 누군가를 후보로 추천하는 건 쉽겠지만 실제로 결정을 내리기란 진짜 힘들 거라 생각합니다. 나는 그런 일에 관여할 필요가 없어서 다행입니다. 녹색형광단백질에 관한 이야기는 각기 다른 방식으로 나누어서 살펴볼 수 있습니다. 노벨상을 받고 나서 몇 달 후에 우리 과의 한 동료와 대화를 나눈 적이 있습니다. 그 사람은 내 아내가 연구에 상당히 중요한 역할을 했다고 생각했습니다. 그래서 내가 이렇게 물어보았습니다. "혹시 자네는 우리 가족 중에서 엉뚱한 사람이 노벨상을 받았다고 생각하는 거 아닌

모두가 모두의 멘토다

가?" 그랬더니 그가 나를 바라보며 이렇게 대답하더군요. "지당한 말씀이지!" 나는 노벨상 수상자 세 명 안에 들 수 있어서 정말 운이 좋았습니다. 노벨상을 받게 되어서 기쁩니다. 상을 다시 돌려주지는 않을 겁니다!

— 1978년 노벨 생리의학상 수상자이신 해밀턴 스미스 교수님과 1988년 노벨 화학상 수상자이신 요한 다이젠호퍼 교수님께도 몇 가지 질문을 드리겠습니다. 이제는 수상자의 수를 세 명으로 제한하는 규칙을 바꿔야 할 때가 되었다고 생각하시나요?

챌피 | 어쩌면 현행 규정을 그대로 유지하는 게 좋을 것 같기도 합니다. 노벨 평화상의 경우에는 기관이 수상하는 경우도 간혹 있는데, 어떤 면에서는 기관이 더 나을 수도 있겠지요. 유지하든 변경하든 특별한 의견은 없지만, 그런 결정을 내리는 게 얼마나 어려운 일인지는 짐작이 갑니다. 노벨위원회는 규정을 바꾸고 싶지 않은 것 같습니다. 그렇다면 그건 그들이 결정할 문제라고 생각합니다.

스미스 | 바꾸지 않는 편이 더 낫다고 생각합니다. 극소수의 사람들만이 받을 수 있기 때문에 노벨상이 그토록 높이 평가받는 부분도 있으니까요.

다이젠호퍼 | 아니요. 나로서는 그런 상황은 상상하기가 어렵네요.

— 어쩌면 향후에는 대학교나 대학 연합이 공동으로 이뤄낸 발견에 대해서 노벨상이 수여될 가능성도 있을까요?

챌피 | 이와 관련해서는 여러 가지 문제를 고려할 필요가 있습니다. 내가 상당히 흥미를 느꼈던 프로젝트 중에 헌팅턴병 유전자 복제 프로젝트가 있었습니다. 주로 미국 유전질환재단Hereditary Disease Foundation의 지원을 받는 연구 과제였죠. 이 프로젝트의 모델은 다음과 같았습니다. '재단이 보유한 자금을 지원받는 대신에 두 가지 조건이 있습니다. 첫째, 지원금을 받고 싶다면 1년에 두 번 회의에 참석해야 합니다. 이 회의에는 재단 지원금을 받는 다른 연구자들이 참석하며, 그 앞에서 연구 진전 사항에 대해 모두 알려야 합니다. 둘째, 어느 연구팀이 유전자 복제에 성공하든 간에 모든 연구자의 이름이 논문에 수록될 것입니다. 재단 지원금으로 수행되는 공동 연구 프로젝트이므로 '헌팅턴 컨소시엄'으로 기록될 것입니다.' 그리고 이런 모델은 실제로 성공을 거두었습니다! 루게릭병을 유발하는 것으로 알려진 최초의 유전자와 관련해서도 똑같은 일이 일어났습니다. 이처럼 협력을 독려해서 문제를 해결하고 구조화하는 것은 매우 고무적인 일이라 할 수 있습니다. 앞서 언급한 것처럼 존 설스턴이 예쁜꼬마선충 게놈 프로젝트를 구조화한 덕분에 모든 연구자가 논문 발표를

위한 데이터를 공유했고 우리 모두가 혜택을 받았습니다. 과학을 연구하다 보면 문제를 구조화할 수 있는 시기가 있습니다. 이때 실험과 관련된 문제들에 대해서 본인이 어떤 방향으로 나아가고 있는지를 정확하게 파악하게 됩니다. 한편 여러 사람이 속해 있는 집단이 이런 문제들에 대한 답을 구할 수도 있습니다. 그런데 대개의 경우에는 연구의 단초가 되는 아이디어를 처음 떠올린 핵심 연구자들이 있습니다. 그런 연구자들의 공로가 인정받지 못하면 안 된다는 생각도 듭니다. 결론적으로 말하자면 나는 두 가지 상황이 모두 가능하다고 생각합니다.

스미스ㅣ그것도 괜찮을 것 같습니다. 다 함께 참여한 연구에서 무언가를 발견해내면 그 팀 전체가 상을 받을 수도 있겠지요.

다이젠호퍼ㅣ역시 그런 건 상상하기 힘드네요.

— 챌피 교수님은 노벨상을 받으셨지만 노벨상 수상을 알리는 전화는 미처 받지 못하셨다고 들었습니다.

네, 그렇습니다. 자느라 받지 못했어요. 우리 집에는 주방에만 전화기가 있는데, 그날 밤에는 주방에서 침실 사이에 있는 문 두 개가 닫혀 있었거든요. 게다가 바로 전날 실수로 버튼을 잘못 눌러서 전화벨 소리가 훨씬 작게 설정되어 있었습니다. 누가 수상했는지 알아보려고 웹사이트에 들어가서야 비로소 내가 노벨상 수상자라는 사실을 알았습니다.

.

— 스미스 교수님, 노벨상 수상 소식을 알리는 전화가 걸려왔을 때 무엇을 하고 계셨나요?

아침 8시 30분쯤 전화가 왔는데, 존스홉킨스 대학교에 출근하려고 집을 나서려던 참이었습니다. 의대생 100명을 대상으로 강의를 하러 가는 길이었죠. 미국 연합통신사AP의 전화였어요. 수상 소식을 전해주었고 인터뷰를 하고 싶다고 했습니다. 꿈에도 예상하지 못한 일이었지만 웬일인지 장난 전화라는 생각은 들지 않더군요. 요즘에는 노벨위원회에서 먼저 연락이 오지만 그 시절에는 언론이 더 빨랐어요. 입이 바짝 말라서 10분 후에 다시 전화하겠다고 말하고 끊었습니다. 그 모습을 아내가 보더니 무슨 일인지 궁금해했어요. 그사이 다른 기자의 전화가 걸려와서 간단한 인터뷰에 응했습니다. 그런 다음 겨우 차를 몰고 존스홉킨스 대학교에 갔는데, 그때는 이미 소식이 알려진 상태였습니다. 그래서 공동 수상인인 대니얼 네이선스Daniel Nathans가 강의를 취소했습니다.

— 다이젠호퍼 교수님은 어떠셨나요?

아침에 샤워를 하고 있을 때 전화가 걸려왔습니다. 욕실 밖으로 나가서 전화를 받았지요.

— 다이젠호퍼 교수님, 스미스 교수님, 감사합니다. 챌피 교수님, 녹색형광단백질은 지뢰 탐지부터 성 패트릭의 날(아일랜드의 수호성인인 성 파트리치오를 기리는 기독교 축일—옮긴이)을 위한 '녹색 맥주'에 이르기까지 다양한 분야에서 널리 활용되고 있습니다. 녹색형광단백질의 미래는 어떻게 될까요?

녹색형광단백질과 관련된 연구가 놀라운 점은 각기 다른 새로운 분야에 적용되고 있다는 것입니다. 이 중에는 내가 상상조차 못 했던 것들이 대부분입니다. 녹색형광단백질을 변형해서 '녹색' 이외의 다른 색깔을 얻을 수 있을 거라는 생각은 했었지만요. 확연하게 다른 형광단백질을 지닌 유기체들이 있을 거라는 사실은 깨닫지 못했습니다. 이제는 이런 형광단백질을 지닌 유기체들이 상당수 발견되고 있습니다. 앞으로 어떤 방향으로 나아갈지, 어떤 일들이 일어날지는 잘 모르겠습니다. 어떻게 보면 우리가 상자를 열어준 셈이라고 할 수 있습니다. 사람들은 정말 놀라운 단백질들을 발견해냈습니다. 매년 누군가가 녹색형광단백질과 관련된 새로운 아이디어를 선보입니다. 그건 한없이 멋진 일입니다.

— 교수님의 이야기를 들으니 과학적 발견이 다른 학문 분야에 적용되고 '중개translation(기초과학의 연구 성과를 임상 단계까지 연계해주는 과정을 가리킨다—옮긴이)'되는 데 기초연구가 큰 역할을 하는 것으로 보입니다.

녹색형광단백질의 발견 과정에서 내가 주목하고 싶은 점은 그 발견이 시모무라 오사무의 연구에서 시작되었다는 것입니다. 그는 수정 해파리, 칼슘 지표, 그리고 녹색형광단백질을 발견했습니다. 그 결과 놀라운 도구가 생겨났는데, 이 모든 것은 해파리에 관한 연구에서 출발했습니다. 또한 곰곰이 생각해보기 전까지는 실질적인 적용과 무관해 보이는 프로세스를 탐구하는 과정에서 시작됐습니다. 그게 바로 생물발광입니다.

여러 분야, 특히 인간의 건강에 적용 가능한 놀라운 발견들은 인간의 건강과 아무런 관련이 없는 연구에서 비롯되었습니다. 그저 흥미로운 생물학적 문제들을 연구하는 과정에서 탄생했지요. 여기서 교훈을 얻을 수 있을 것입니다. 한편으로는 배울 점이 너무나도 많으니까 생명을 더욱 자세히 관찰해야 한다고 말할 수도 있습니다. 그러나 중개 또는 적용이 가능한 혁신적인 연구는 기초연구 분야의 진전에서 비롯되는 경우가 상당수입니다. 내 생각에는 균형이 중요한 것 같습니다. 나는 세미나에서 이런 농담을 하곤 합니다. '점점 나이가 들어가면서 앞으로 내가 걸리게 될 질병에 대한 중개 연구가 실시되는 것을 보고 싶습니다.' 하지만 실제로는 기초연구가 순차 치료, 예방 조치 및 전반적인 의학 발전의 토대가 된다는 점을 알고 있습니다.

　'내가 어떤 병을 치유하겠다'는 결연한 각오가 아니라, 밑바탕을 이루는 생물학적 배경지식을 활용하는 과정에서 수많은 발견이 이루어졌습니다. 나는 예쁜꼬마선충, 초파리, 쥐를 '모델 생물model organism'이라고 부르지 않습니다. 개인적으로 그 단어를 좋아하지 않기 때문입니다. '모델 생물'이라는 말은 인간과 비슷해질 무언가를 모델링한다는 뜻이므로 적절한 용어가 아니라고 생각합니다. 그 대신에 '선구자 생물pioneer organism'이라는 단어를 선호합니다. (다른 사람이 이런 용어를 쓰는 것을 들은 적이 있는지는 잘 기억이 나지 않습니다.) 우리는 이런 유기체를 통해서 생물학에 대한 새로운 사실을 알 수 있습니다. 우리가 찾아내는 것은 어느 정도 보편성을 지닙니다. 어쩌면 사람들이 너무 자세히 들여다보느라 미처 발견해내지 못한 조각일 수도 있습니다. 조금 멀리 떨어진 곳에서 바라보면, 때로는 훨씬 더 일반적이고 중요한 것들을 발견할 수 있습니다.

### Chapter 8

# 감각적인 즐거움

로저 첸

Roger Y. Tsien

---

나는 자연에서 얻은
영감을 바탕으로 그림을 그리지만
완전히 다른 방식으로 표현한다.

• 브리지트 라일리 •

— '자신의 연구나 창의력을 발휘하는 과정과 관련하여 당신에게 상당히 중요한 의미가 있는 물건은 무엇입니까?' 모든 노벨상 수상자는 이런 질문을 받습니다. 그리고 상을 받으러 스톡홀름에 올 때 이 물건을 가져와서 노벨 박물관에 기증합니다. 로저 첸 교수님은 어떤 물건을 택하셨나요? 그 물건에는 어떤 추억이 담겨 있습니까?

어린 시절에 여덟 살에서 열세 살까지 썼던 작은 공책을 제출했습니다. 거기에는 상상 속 거리와 고속도로 지도가 그려져 있고 중국어 수업이나 화학 실험에 관한 내용도 적혀 있습니다. 그동안 까맣게 잊고 지내다가 노벨 박물관에서 기증품을 제출해달라고 요청했을 때에야 비로소 그런 공책이 있었다는 사실이 떠올랐습니다. 그래서 부모님이 내가 어릴 때 쓰던 물건들을 담아둔 오래된 가방을 샅샅이 뒤져서 그 공책을 찾아냈습니다.


— 교수님은 열여섯 살 때 전국 규모의 과학 경진대회인 웨스팅하우스 사이언스 탤런트 서치Westinghouse Science Talent Search에서 우승하셨습니다. 그때 수석 심사위원이 바로 노벨상 수상자인 글렌 시보그Glenn Seaborg였습니다. 그때의 경험에 대해 지금 무엇이 기억나시나요? 특히 시보그 교수님은 어떤 분이셨나요?

그분은 나보다 훨씬 더 키가 컸고 위압적인 느낌이 들었습니다.

왜냐하면 그분이 무기화학자inorganic chemist이고 내 프로젝트 분야의 전문가였기 때문입니다.

— 교수님의 아버지, 외삼촌 및 형제들은 공학 분야를 연구하셨습니다. 그런데 교수님은 '화학을 이용해 생물학적으로 유용한 분자를 만들어서'[18] 공학 연구라는 가족의 전통에 다소 변화를 주었습니다. 2008년에 시모무라 오사무, 마틴 챌피와 공동으로 노벨 화학상을 수상하시는 데 기여한 녹색형광단백질은 기술적 관련성이 높은 놀라운 발견일 뿐만 아니라 그 자체로 예술적인 아름다움을 지녔다는 점에서도 경이롭습니다. 교수님은 과학을 사랑하시지요? 그렇다면 예술은 어떻습니까?

나는 예술에 깊은 관심이 있었고 학부 시절에 예술사 및 영상 분야의 다양한 강의를 들었습니다. 특히 주세페 아르침볼도, 앙리 마티스, 야코프 아감, 브리지트 라일리, 데이비드 호크니처럼 과감한 색채를 사용하는 화가들을 좋아합니다. 나는 과학을 연구할 때 감각적인 즐거움을 느낄 수 있는 연구 프로젝트를 택하는 것이 중요하다고 종종 강조한 바 있습니다. 내 경우에는 화려하고 예쁜 색깔에 이끌렸습니다. 내가 최초로 성공을 거둔 과학 실험은 칼슘 영상이었는데, 그때 칼슘 농도의 높낮이를 표현하는 컴퓨터 의색擬色, pseudocolor(본래의 색상이 아니라 데이터를 나타내기 위해 부여한 색을 가리킨다—옮긴이)을 무지개색으로 한 것은 개인적인 미학적 선호 때문이었습니다. 또한 형광단백질의 스펙트럼에 보라색부터 적외선까지 채워 넣은 것도 같은 이유에서였습니다.

—  교수님은 1968년에 고등학교를 졸업하고 하버드 대학교에 입학하셨습니다. 그곳에서 (1981년에 노벨 생리의학상을 수상한) 데이비드 허블David Hubel과 토르스텐 비셀Torsten Wiesel의 신경생물학 수업을 들으셨습니다. (이후에 토르스텐 비셀과도 이야기를 나눌 예정입니다.) 허블과 비셀을 스승으로 만난 것이 교수님의 관심 분야가 형성되는 데 얼마나 큰 영향을 미쳤을까요?

당시에 허블 교수님은 전체 강의를 담당하셨을 뿐만 아니라 내가 속해 있는 조의 지도교수였습니다. 그런 의미에서 나는 정말 행운아였죠. 나를 포함해서 12명의 조원은 매주 교수님을 만나서 회의를 했고 우리가 제출한 과제를 교수님께서 직접 채점해주셨습니다. 심지어 교수님은 우리를 자택에 초대해서 저녁 식사를 대접해주셨습니다. 내가 4년간 하버드 대학을 다니는 동안 그렇게 학생들에게 너그럽게 대해주셨던 교수님은 허블 교수님밖에 없었습니다. 그때 교수님 아들인 에릭이 가지고 놀던 장난감을 내가 고쳐줬는데, 교수님의 환대에 조금이나마 보답할 수 있어서 기뻤습니다. 원래 마음과 뇌의 관계에 흥미를 느끼기는 했지만, 허블 교수님의 강의를 듣고 나서야 비로소 신경생물학 연구를 진지하게 고려하게 되었습니다.

— 1979년에 교수님은 독립적인 교수직을 알아보기 시작했습니다. 하지만 그 과정이 순탄하지만은 않았습니다. '생물학과에서는 나를 화학자로 간주했고, 화학과에서는 내가 생물학자라며 거절했습니다.'[19] 과학에서 그런 '꼬리표'와 경계선이 아직도 유효하다고 생각하시나요?

내가 광범위한 과학 분야에 관심이 있고 특정 분야의 정체성이 비교적 모호하다는 점은 인정합니다. 그러나 대다수의 과학자는 종래의 학문 분과에 들어맞는 경우가 많습니다. 새롭게 정의된 분야라 하더라도 말입니다. 그러므로 어떤 과학자를 설명할 때 '꼬리표'가 여전히 유효한 면도 있습니다. 그렇다고 해서 과도하게 제약을 두어서는 안 되겠지요.

— 탁월한 과학 연구를 위해서 반드시 방대한 공간이 필요한 것은 아닙니다. 교수님은 1982년에 버클리에 연구실을 여셨는데요, 당시 연구실 규모는 어느 정도였나요?

연구실 면적은 약 2,000제곱피트, 즉 180제곱미터 정도였습니다. 꽤 넓은 편이었죠. 그런데 처음에는 환기 후드가 없었어요. 환기 후드는 칼슘을 측정하는 염료의 유기 합성에 필수적인 설비입니다. 다행히 우리 과의 선임 교수였던 로버트 메이시가 환기 후드를 기증해주셨습니다. 환기를 위한 배관 설비도 딸려 왔지요. 목재로 이루어진 낡은 장치였고 유리창에는 철망이 끼워져 있었어요. 그 후로 7년 동안 (푸라-2와 플루오-3을 포함한) 모든 유기 합성 실험에 그 환기 후드를 사용했습니다. 아마도 오늘날의 안전 점검 기준을 적용한다면 절대로 통과하지 못했을 겁니다.

— 스톡홀름에서 전화가 걸려왔을 때 교수님은 무엇을 하고 계셨나요? '바로 그' 전화가 걸려올 거라고 내심 예상하셨나요?

캘리포니아 시간으로는 '바로 그' 전화가 새벽 2시 20분에 왔습니다. 밤새 푹 자려고 수면제를 복용하고 잤는데, 전화벨 소리에 잠에서 깼습니다. 사실은 며칠 전에 로이터 통신사에서 내가 노벨상을 받을 가능성이 있다는 예측 기사가 공개됐어요. 나 이외에도 의학, 물리학, 화학 등 완전히 무관한 분야의 학자 여덟 명의 이름이 함께 실렸습니다. 그 기사만으로도 학교 홍보실과 지역 신문사는 흥분 상태였고 인터뷰 요청이 쇄도했지요. 월요일과 화요일이 지나갔는데 로이터 기사에서 언급된 사람 중에서 수상이 확정된 사람은 아무도 없었습니다. 그래서 내 이름이 그 기사에 실린 것이 오히려 불운이라는 생각이 들었어요. 그저 언론에서 호들갑을 떠는 상황이 빨리 끝나기만을 바랐기 때문에 수면제를 먹고 잠자리에 들었습니다. 그런데 알고 보니 노벨위원회가 공동 수상자인 시모무라, 첼피와 연락이 닿지 않았던 것입니다. 그래서 새벽에 전화를 걸어 나를 깨우더니 20분 후에 국제 기자회견에서 기자들의 질문에 나 혼자 답변해야 한다고 통보했습니다. 수면제 때문에 몽롱하긴 했지만 내가 조리 있게 답변했기를 바랍니다.

— 교수님의 2014년 린다우 강연은 저에게도 감동적이고 뭉클한 순간이었습니다. 그때 교수님께서 뇌출혈을 겪었던 일에 대해 들려주셨지요. 그 일을 계기로 실험적인 새로운 아이디어들을 하루빨리 논문으로 정리해서 《미국 국립과학원 회보PNAS》에 발표해야겠다는 생각이 들었다고 말씀하셨습니다. 그 논문의 말미에는 이렇게 적혀 있습니다. '본 논문에는 새로운 실험 결과가 실려 있지는 않지만 수많은 예측이 담겨 있다. 어쩌면 향후 수년 내에 그중 하나의 예언이 입증될 수도 있을 것이다.'[20] 당시에 어떤 일이 있었는지 말씀해주시겠습니까? 어떤 기분이 들었는지, 교수님의 인생에서 힘겨웠던 그 시기를 어떻게 견뎌내셨는지, 그리고 그 시기가 지난 뒤에 느낀 기쁨과 만족감에 대해서도 알고 싶습니다.

2014년 린다우 강연에서도 아마 언급했겠지만, 나는 2013년 1~2월에 장기 기억과 관련된 아이디어들을 정리했습니다. 미국 국립보건원National Institutes of Health의 신경생물학 연구지원금 갱신 마감일이 다가와 압박을 받던 상황이었습니다. 통상적인 경우였다면 새로운 실험적 증거를 얻기 전에는 이런 아이디어를 결코 발표하지 않았을 겁니다. 그런데 2013년 3월 26일에 뇌출혈이 발생했습니다. 그 후 입원해서 회복하는 도중에 심각한 소화기계 감염이 발생해서 무척 괴로웠고, 어쩌면 목숨을 잃을지도 모르겠다는 생각이 들었습니다.

지금 돌이켜보면 그때는 내가 지나치게 걱정했던 것 같기도 합니다. 하지만 나의 추정과 가설이 나의 죽음과 함께 사라져버리면 안 된다고 생각했습니다. 어느 정도 건강이 회복되자마자 나는 지원금 신청을 위한 연구 제안서를 《미국 국립과학원 회보》에 제출할 논문으로 바꾸었습니다. 내 동료 중에서 가장 선임급인 스티븐 애덤스와 바르다 레브람이 논문 작성에 도움을 주었습니다. 왜 《미국 국립과학원 회보》에 논문을 발표했냐고요? 미국 국립과학원National Academy of Sciences 회원에게 부여되는 가장 중요한 특권은 《미국 국립과학원 회보》에 매우 적은 수의 논문에 한해서 논문 심사자를 고를 수 있는 권리입니다. 이해관계 충돌을 방지하기 위한 규정들을 따른다면 본인의 지인인 전문가를 택할 수도 있습니다. 물론 나도 그렇게 했지요. 요즘 경쟁력 있는 학술지에서처럼 시시콜콜 따지고 트집을 잡는다면 아마도 나는 그런 과정을 버텨내지 못했을 겁니다. 로널드 베일Ronald D. Vale의 논평을 한번 읽어보십시오[PNAS 112 (2015), 13439-13446]. 여기에는 지금처럼 엄격한 잣대를 들이댄다면 왓슨과 크릭조차 논문 심사에서 탈락했을지 모른다는 유머러스한 추측이 담겨 있습니다.

### Chapter 9

# 학술지는 어떻게 과학을 망치는가?

랜디 셰크먼
Randy W. Schekman

셀 수 있는 모든 것이 다 중요하지는 않으며
중요한 모든 것을 다 셀 수 있는 것은 아니다.

• 알베르트 아인슈타인 •

— 랜디 셰크먼 교수님. 현미경, 경찰서, 그리고 스톡홀름의 노벨 박물관, 이 세 가지 요소가 한데 어우러져 있는 인생 이야기를 들려주시겠습니까?

글쎄요, 이미 다 아시는 이야기일 텐데요.

— 물론 저는 알고 있습니다만, 이 책에 그 이야기를 싣고 싶습니다.

그럼 다시 얘기해드리도록 하지요. 아마도 열한 살 무렵으로 기억하는데, 생일 선물로 장난감 현미경을 받았습니다. 그때 나는 캘리포니아에 살았는데 집 근처에 물결이 잔잔한 강이 있었습니다. 하루는 밖에 놀러 나가서 개구리를 잡으러 다녔습니다. 가지고 다니던 유리병에다 더러운 물도 조금 담고 수면에서 발견한 다른 것들도 넣었어요. 그걸 집으로 가지고 온 다음 유리 슬라이드에 올려놓았죠. 현미경으로 살펴봤더니 그 안에 수없이 많은 작은 생명체가 보였습니다. 단세포생물과 다세포생물이 움직이고 있었죠. 그 모습이 너무나도 신기했어요. 내 방에서 몇 시간씩이나 현미경을 들여다보았고 유리 스크린에 빛을 투사해서 최대한 많은 것을 관찰하려고 애썼습니다. 어느 날 저녁 식사 시간에 부모님께 이 이야기를 꺼냈는데 아버지는 회의적인 반응을 보였습니다. 그래서 나는 성능이 더 좋은 현미경을 구입하기로 결심했습니다. 전문가용 현미경을 사기 위해 잔디를 깎고 신문을 배

학술지는 어떻게 과학을 망치는가?

달해서 번 돈을 계속 모았습니다. 하지만 그 현미경을 사는 데 필요한 수백 달러를 도저히 모을 수가 없었어요. (1961~62년 당시에는 상당히 큰 돈이었습니다.) 어머니가 자꾸 내 돈을 빌리고는 안 갚으셨거든요.

그 일로 어머니와 다투었는지는 기억이 나지 않지만, 어느 토요일 아침 이웃집의 잔디를 다 깎은 후에 너무 화가 나서 자전거를 타고 경찰서로 달려갔습니다. 나는 당직 경찰관에게 울면서 말했어요. 부모님이 내 돈을 훔쳐 가서 현미경을 살 수가 없다고요. 연락을 받은 아버지가 경찰서에 오셨고, 사무실에서 경찰관들과 따로 이야기를 나누었습니다. 이야기를 끝낸 아버지의 표정은 심각해 보였지만, 돌아가는 길에 재판매 제품을 파는 가게로 나를 데리고 가셨어요. 그곳에서 100달러를 주고 학생이 쓸 만한 전문가용 현미경을 구입했습니다. 정말 멋진 현미경이었습니다! 대학에 들어가기 전까지 여러 해 동안 그 현미경을 사용했습니다. 매년 과학 프로젝트를 준비할 때 현미경을 활용했고, 그 현미경은 나만의 과학 세상이었습니다. 그러다가 대학에 입학하게 되었고 현미경은 집에 남겨두었어요. 나중에 드디어 가정을 이루고 내 집을 마련했을 때 집에서 현미경을 되찾아 왔습니다. 하지만 우리 아이들은 과학에 그다지 관심을 보이지 않았습니다. 그래서 그 현미경은 그냥 우리 집 와인 창고에 보관했습니다. 노벨상 발표 이후에 스톡홀름의 노벨 박물관에서 온 이메일을 받았는데, 예전에 쓰던 물건 중에서 과학자로서 나의 발전을 보여줄 수 있는 것을 가져오라는 요청이 담겨 있었습니다. 하루

만에 곧바로 그 현미경이 특별한 용도가 있다는 사실을 깨달았습니다. 이제 그 현미경은 스톡홀름의 노벨 박물관에 전시되어 있습니다. 몇 년 전에 노벨 박물관에 다시 들른 적이 있는데, 내 현미경이 사람들이 무척 좋아하는 전시품 중 하나라는 이야기를 들었습니다.

— 진짜 멋지네요!

내가 박물관에 갔을 때 스웨덴 학생들이 견학을 왔는데, 전시품들을 둘러보다가 나한테 간단한 설명을 부탁했습니다. 인생은 참 알 수 없는 신기한 면이 있다니까요.

— 인생의 신기한 면에 대한 말이 나와서 말인데, 스톡홀름에서 전화가 걸려왔을 때 교수님은 무엇을 하고 계셨나요? 교수님의 첫 반응은 어땠습니까?

내가 살고 있는 캘리포니아는 스톡홀름과의 시차가 아홉 시간입니다. 스톡홀름에서 오전 10시 20분쯤 전화를 걸었는데 캘리포니아 시간으로는 새벽 1시 20분이었지요. 당연히 그 시간에는 자고 있었습니다. 전날 저녁에 독일에서 막 돌아와서 상당히 피곤한 상태였습니다. 그런데 잠자리에 들기 전에 인터넷 검색을 하다가 어떤 것을 발견하고 아내에게 이야기했지요. 아직 노벨상을 받지 못한 발견들의 목록이 실려 있는 보고서였습니다. 그목록에는 제임스 로스먼James Rothman과 나, 그리고 (힉스입자로 유명한) 피터 힉스Peter Higgs의 이름이 들어 있었습니다. 나는 아내에게 이렇게 말했지요. "이건 정보에 근거한 게 아니라 그냥 가십거리야. 그냥 잠이나 자자고." 하지만 나는 그날 저녁에 노벨상 수상자가 결정된다는 사실을 알고 있었어요.

새벽 1시 20분에 전화벨이 울렸을 때 아내가 이렇게 외쳤어요. "이게 바로 그 전화예요!" 나는 얼른 전화를 받으러 갔습니다. 그랬더니 스웨덴 사람이 나에게 수상을 축하한다며 장난 전화가 아니라고 말해주었습니다. 그때쯤에는 온몸이 떨렸습니다. 머릿속이 하얘졌고 "세상에!"라는 말밖에 나오지 않았어요. 계속 그 말만 되풀이했죠.

그러고 나서 카롤린스카 의대의 (노벨위원회) 의장과 앞으로 다가올 일들에 대해 잠시 이야기를 나누었습니다. 의장과는 예전에 어느 위원회에서 함께 활동한 적이 있어서 서로 아는 사이였습니다. 그리고 가족들에게도 전화를 걸어서 수상 소식을 전했습니다. 평소에 아버지는 매년 10월 초가 되면 '나도 점점 나이가 들어가니 영원히 네 곁에 있지는 못할 거다'라는 말씀을 하시곤 했습니다. 항상 나에 대한 기대가 크셨기 때문에 수상 소식을 듣고 너무나도 기뻐하셨습니다. 수상 발표 후 스톡홀름에 가기 전까지 두 달 동안, 영업사원한테서 걸려온 전화를 받을 때마다 아버지는 이렇게 말씀하셨습니다. "당신이 팔려는 물건에는 관심이 없지만, 우리 아들 자랑을 좀 하고 싶군요." 끝없이 자식 자랑을 늘어놓으셔서 결국에는 그런 전화가 걸려오지 않았지요.


— 정말 재미있는 일화군요! 교수님께서는 2013년에 노벨 생리의학상을 수상하셨습니다. 그리고 상금으로 UC 버클리에 기초 암 생물학 분야의 에스터&웬디 셰크먼 석좌교수직 기금을 설치하셨습니다. 교수님의 어머니와 여동생을 기리기 위해 석좌교수직을 마련하셨는데, 두 분 모두 암으로 세상을 떠나셨지요. 한 인간으로서, 그리고 기초과학을 연구하는 과학자로서 교수님에게 질병의 개념은 시간이 흐름에 따라 어떻게 변화해왔나요?


정말 훌륭한 질문입니다. 내 여동생은 열아홉 살 때 백혈병으로 세상을 떠났습니다. 내가 대학교 4학년에 막 올라갔을 무렵이었는데, 한창 과학 연구에 몰두하던 시기였습니다. 여동생의 죽음을 겪으면서 나는 완전히 무너져버렸습니다. 강의에도 집중하지 못했고 성적도 떨어졌습니다. 하지만 내가 하고 싶은 일이 과학 연구라는 사실은 잘 알고 있었습니다. 그때만 해도 내 연구가 특정 분야에서 어떤 쓸모가 있을지를 생각해본 적이 없었습니다. 훨씬 나중에야 깨달았죠. 기초과학은 잘 작동한다면 실질적인 적용을 뒷받침하는 토대가 됩니다.

여동생을 잃은 경험을 계기로 더욱 열심히 정진해야겠다

학술지는 어떻게 과학을 망치는가?

고 결심했습니다. 내가 열정을 느꼈던 분야는 의학이 아니라 과학이었습니다. 대학에 입학했을 때는 나중에 의대에 진학할 생각이었습니다. 아마도 부모님의 영향을 받았던 것 같습니다. 미국에서는 의학 교과과정에 바로 들어가지 않습니다. 일단 학부를 다니고 그 후에 의대에 진학합니다. 그게 당초 내 계획이었죠. 그런데 대학교 1학년 때, 고등학교 시절에는 잠시 탐색하는 데 그쳤던 과학의 세계가 실제 직업으로 연결되고 적용될 수 있다는 사실을 알게 되었습니다. 부모님은 처음에는 실망하시긴 했지만 결국에는 그런 마음을 떨쳐내고 이해해주셨습니다. 나는 버클리에서 모든 커리어를 쌓았고 내가 발견해낸 것들이 생명공학 업계에 적용되었습니다. 그게 정말 흐뭇합니다. 생명공학 기업들과 협력하는 과정은 항상 즐거웠습니다. 자문 위원회에 참여하기도 했지요. 그러나 내가 환자들에게 직접 적용 가능한 일을 할 자격을 모두 갖추었다는 생각은 결코 들지 않았습니다. 자연계를 발견하고 세포가 어떻게 작용하는지를 밝혀내는 데 관심이 더 많았습니다. 하지만 기초연구와 관련된 근본적인 발견을 하면 실질적으로 사람들에게 도움이 될 거라는 확신은 늘 있었습니다. 그리고 실제로 내 연구가 그렇게 활용되는 모습을 볼 수 있어서 다행이라고 생각합니다.

— 교통 체증부터 버스를 기다리는 일에 이르기까지 '수송 traffic'은 우리의 일상생활 속에 깊숙이 파고들어 있습니다. 교수님

은 거의 평생 동안 또 다른 형태의 수송에 관해 연구하셨고, '인체 세포의 주요 수송 체계인 소포小胞(세포질 내의 작은 액체 주머니—옮긴이) 수송을 조절하는 구조를 발견한 공로로'[21] 노벨상을 수상하셨습니다. 앞으로 질병에 맞서 싸우는 데 이 수송 체계를 어떻게 활용할 수 있을까요?

인체는 세포로 이루어져 있고 다양한 등급의 물질이 세포에서 분비됩니다. 이런 물질들은 자기 자신의 수송 경로를 조절하는 데 상당히 중요한 역할을 하며, 당뇨병이나 퇴행성 뇌질환을 포함한 여러 질병에 유용하게 쓰일 수 있습니다. 그중에서 알츠하이머병에 초점을 맞춰 설명하겠습니다. 알츠하이머병의 주요 유전적 형태는 아밀로이드 전구 단백질APP, amyloid precursor protein이라는 막단백질이 잘못 처리되는 것과 연관이 있습니다. 세포 내에서 아밀로이드 전구 단백질을 잘못 처리하는 효소들은 수송 단백질을 분비하는 바로 그 동일한 막에 의해 자기 자신도 수송됩니다. 세포 조직 내의 이러한 경로를 조정하는 방안에 대해 탐색해볼 수 있는데, 약을 통해서 APP를 잘못 처리하는 효소를 바로잡거나 다른 곳으로 보내는 것입니다. APP는 세포막을 따라서 움직이는 막단백질로, 세포 표면까지 이동합니다. 이때 골지체Golgi apparatus라는 중간 경유 지점을 지나갑니다. 세포 효소 중 하나가 단백질을 부적절하게 절단하는데, 이 과정에서 생성된 APP의 조각들이 알츠하이머병 환자의 뇌에 축적되는 경향이 나타납니다. 만약 APP를 다른 곳으로 보내서 이런 효소들이

학술지는 어떻게 과학을 망치는가?

서로 만나지 않도록 개입할 수 있다면 이렇게 작은 펩티드가 생성되는 것을 차단할 수도 있습니다. 제약 업계는 이 효소에 대한 화학적 저해제를 설계하기 위해 상당한 노력을 기울이고 있습니다.

하지만 이러한 전략에는 문제점이 있습니다. 이 효소가 다른 막단백질을 처리할 때 필요하다는 것입니다. 따라서 이 효소를 저해하는 화학물질은 유해한 영향을 미치게 됩니다. 예를 들면 성인의 혈구 생성에까지 영향을 미칠 수 있습니다. 혈구 생성과 관련된 기능을 제대로 수행하기 위해서는 이 효소의 목표 물질 중 하나인 신호전달 단백질이 반드시 절단되어야 하기 때문입니다.

다른 방법으로는 저해 작용을 하는 대신 다른 곳으로 수송하는 전략을 고려해볼 수 있습니다. 이러한 과정에 개입하려면 수송 경로에 대해 훨씬 더 많은 것을 알아내야 합니다. 수송 경로 및 이들 분자에 관한 기본적인 정보를 더 많이 알게 되면 다른 여러 전략을 수립할 수 있습니다. 또 다른 예로는 파킨슨병이 있습니다. 내 아내는 파킨슨병을 앓았고 결국 그 병으로 세상을 떠났습니다. 20여 년 전에 진단을 받았고 병이 진행되어 나중에는 치매에 걸렸습니다. 유전적 요인으로 발생하는 파킨슨병의 일부 사례는 손상된 미토콘드리아를 제거하는 신경전달물질인 도파민을 생성하는 세포와 관련이 있습니다. 미토콘드리아는 에너지 화폐인 ATP를 생산하는 세포소기관細胞小器管입니다. (그 외에도 다른 여러 중요한 기능을 합니다.)

세포에는 손상된 미토콘드리아를 스스로 정화하는 활성 경로가 있습니다. 그런데 파킨슨병의 유전적 형태로 인해서 손상된 미토콘드리아를 제거하지 못하게 됩니다. 그러면 미토콘드리아가 계속 남아서 스스로 손상되며, 도파민성 뉴런의 생존력에 영향을 미칩니다. 그런 세포들은 결국 사멸하고 환자는 도파민 부족 상태가 됩니다. 만약 우리가 또 다른 막수송 경로인 그 경로에 개입할 수 있는 방법을 찾아낸다면, 이런 세포에서 손상된 미토콘드리아를 제거할 수 있을지도 모릅니다. 언젠가는 파킨슨병도 당뇨병처럼 치료 가능한 질병이 될 수 있습니다. 일단 증상이 뚜렷해지면 도파민을 생산하는 도파민성 세포를 살릴 수 있는 약을 투여하는 치료를 통해 환자가 수십 년간 생존할 수 있을 것입니다. 다시 강조하자면 막수송과 관련된 경로에 대한 개입은 질병에 직접 적용할 수 있습니다. 그러나 이런 경로에 관해서는 더 많은 기초연구를 통한 발견이 필요합니다.

— 한편 과학 분야에서는 치열한 경쟁이 일어나기도 합니다. 교수님은 커리어의 각 단계에서 어떻게 경쟁에 대처하셨나요?

이번 질문도 상당히 흥미롭군요. 스탠퍼드에서 대학원을 다니던 시절에 노벨상 수상자인 아서 콘버그Arthur Kornberg의 연구실에서 처음으로 그런 경쟁을 경험했습니다.

— 아서 콘버그도 노벨상을 수상했지요.

콘버그 교수님은 그 세대에서 가장 영향력 있는 생화학자였고 나도 그분에게서 정말 많은 것을 배웠습니다. 당시에 나는 염색체 복제 메커니즘에 관해 연구했는데, 이 분야는 상당히 경쟁이 치열했습니다. 물론 50년 전의 이야기입니다. 우리는 다른 연구실과 직접 경쟁하고 있는 상황이었습니다. 우리가 가장 좋아했던 학술지인 《미국 국립과학원 회보》의 최신 호가 도착하면 긴장이 되곤 했지요. 당연한 일이지만 경쟁자들이 지금 무엇을 연구하고 있는지 우리에게 알려주지 않았기 때문입니다. 가끔 그들이 발표한 논문을 읽다가 연구 현황을 알게 될 때도 있었는데, 그때는 이미 너무 늦었죠. 나는 그런 상황이 달갑지 않았습니다. 그리고 당시에는 DNA 생화학과 DNA 트랜잭션 분야가 놀라운 속도로 성장하고 있었습니다. 재조합 DNA 혁명이 막 시작되던 시기였지요. 정말 흥미로운 분야라고 생각했지만 경쟁이 과열된 상태라 그 점은 좋지 않았습니다. 대학원 생활을 마무리하면서 나는 스스로 발전시킬 수 있을 것 같은 연구 분야들을 탐색했습니다. 특히 콘버그 교수님의 명성이나 내 직접 경험에 의존하지 않고 새로운 것을 시도할 수 있는 분야를 찾아내기 위해 노력했습니다. 그러다가 생체막生體膜을 연구하게 되었습니다. 그리고 박사후과정을 거치면서 세포막 연구로 저명한 생물학자인 조너선 싱어Jonathan Singer의 연구 성과에 대해 알게 되었습니다.

1974년에 조너선 싱어는 생체막의 유동 모자이크 구조에 관한 가장 영향력 있는 논문을 작성했습니다. 또한 나는 1974년 노벨상 수상자인 조지 펄레이드<sub>George Palade</sub>의 연구도 접했습니다. 그는 단백질 분비와 관련된 세포소기관의 경로를 명확하게 밝혀냈습니다. 이들의 연구를 통해서 나는 생화학 분야의 경험을 활용하면 분비 과정을 조직하는 분자들을 찾아내는 방법을 알아낼 수 있다는 생각이 들었습니다.

내가 박사후과정을 시작한 1974년에는 엄청나게 복잡한 이 경로에서 나름의 역할을 하는 분자가 단 하나도 보고되지 않은 상태였습니다. 그런 상황이 나에게는 기회로 작용했습니다. 나 자신의 경험을 바탕으로 미생물 연구에 집중했습니다. 나는 효모가 여러모로 실험에 완벽한 조건을 갖추고 있다는 사실을 알 수 있었습니다. 우선 효모는 진핵생물이고 효모에는 세포핵과 세포내막이 있습니다. 당시에 효모는 진핵세포과정을 연구할 때 널리 쓰이기 시작했습니다. 20세기 초반에 이미 유전학적 기법이 확립되어 있었습니다.

아마도 이것이 내가 내린 가장 중요한 결정이었던 것 같습니다. 상당히 전략적으로 접근해서 현재 아무도 연구하지 않는 효모의 분비 과정을 연구하면 특별한 업적을 남길 수 있겠다는 생각이 들었습니다. 버클리에서 나에게 교수직을 제안했을 때 나는 이런 분야를 연구하겠다고 말했습니다. 처음에는 조금 불안하기도 했습니다. 유전학 연구 경험이 없었고 예비 연구 결과를 확보하지도 못했기 때문입니다. 이 연구 주제에 관해서 처음 미국 국립보건원에 지원금 신청서를 냈을 때는 단칼에 거절당했습니다. 하지만 나는 연구를 계속해나갔습니다. 피터 노빅이라는 명석한 1학년 학생이 우리 연구실에 합류한 것이 연구에 큰 도움이 되었습니다. 실험에 착수한 지 약 1년 뒤부터 괜찮은 연구 결과가 나오기 시작했습니다. 분비 과정에 결함이 있는 효모 세포의 이미지를 전자현미경의 화면을 통해 처음 봤을 때, 향후 20여 년간 연구해도 좋을 만한 과제를 찾아냈다는 생각이 곧바로 들었습니다. 정말 기분이 좋았습니다.

— 교수님께서는 노벨 강연 이틀 뒤에 〈가디언Guardian〉에 '《네이처Nature》, 《셀Cell》, 《사이언스Science》를 비롯한 학술지는 어떻게 과학을 망치는가'라는 제목의 칼럼을 기고하셨습니다. 언제 그런 기고문을 작성하기로 결심하셨나요? 그리고 교수님은 그동안 《사이언스》, 《네이처》, 《셀》에 40차례 이상 논문을 발표하셨는데요. 교수님께서 《미국 국립과학원 회보》의 편집인으로 활동하셨던 시기나 좀 더 일찍 이런 기고문을 발표하지 않으신 이유는 무엇인가요?

얼마든지 그런 의문을 제기할 수 있다고 생각합니다. 물론 〈가디언〉에 실린 글을 발표하기까지는 수년에 걸친 긴 여정이 있었습니다. 내가 커리어를 쌓아나가던 시절에 이들 학술지에 논문을 발표한 것은 사실입니다. 당시에 젊은 학자였던 내가 느꼈던 부담감이 오늘날에도 여전히 존재합니다. 과학자들은 더욱 폭넓은 학계에서 인정받고 커리어를 쌓으려면 이처럼 저명한 학술지에 자신의 연구 성과를 발표해야 한다는 압박감을 받고 있습니다. 하지만 《미국 국립과학원 회보》의 편집인으로 활동하면서 《셀》,《네이처》,《사이언스》를 비롯한 학술지에 논문을 발표하겠다는 결정이 해당 학술지의 '임팩트 팩터impact factor(논문 피인용 지수—옮긴이)'를 기반으로 이루어진다는 생각이 점점 강하게 들었습니다.

임팩트 팩터는 수십 년 전부터 존재했지만 내가 그런 학술지에 논문을 발표하던 시절에는 임팩트 팩터에 대해 진지하게 고민해본 적이 없었습니다. 학술지를 홍보하는 데 눈에 띄게 많이 쓰이지는 않았기 때문입니다. 미국 과학정보연구소Institute for Science Information의 유진 가필드가 도서관 사서들이 어떤 학술지를 구독할지 결정하는 데 도움을 주기 위해서 이 수치를 고안한 것으로 알려져 있습니다. 물론 그런 목적으로 쓰인다면 문제가 없습니다. 그런데 언젠가부터 임팩트 팩터가 학문 연구를 평가하는 수치로 변질되었습니다. 당초에는 이런 의도가 전혀 없었습니다. 이처럼 상황이 점차 어려워지자 《미국 국립과학원 회보》처럼 임팩트 팩터가 낮았던 학술지들은 《셀》,《네이처》,《사이언스》와의 경쟁에서 밀리게 되었습니다. 《미국 국립과학원 회보》를 운영하는 과학자들은 좋은 수치를 얻기 위해 게재할 논문의 종류를 바꿀 생각이 없었기 때문입니다. 《사이언스》는 그나마 조금 나은 수준이었지만 특히 《셀》과 《네이처》는 어떤 논문을 검토할지, 그리고 어떤 논문을 게재할지 결정할 때 이 수치에

학술지는 어떻게 과학을 망치는가?

지나치게 영향을 받았습니다. 이러한 실태에 분개한 나는《미국 국립과학원 회보》의 운영진과 편집위원회에 '우리가 게재하는 연구를 평가할 때 임팩트 팩터에 의존해서는 안 된다'고 말했습니다. 그런 숫자로 학문 연구를 평가할 수는 없기 때문입니다.

얼마 뒤 나는《이라이프eLife》라는 새로운 학술지 창간에 참여하게 되었습니다. 이 학술지를 잘 활용한다면 어떻게 학문 연구를 평가해야 하는지에 관해 내 의사를 표현할 기회가 늘어날 것이라는 생각이 들었습니다. 우리는 임팩트 팩터에 대해서 강경한 반대 입장을 취했습니다. 다른 학술지의 편집인들과 힘을 모아서 '연구 평가 선언Declaration on Research Assessment'을 널리 알렸습니다. 이 선언문에는 임팩트 팩터로 학문 연구를 평가할 수 없으므로 그런 수치를 쓰지 말아야 한다는 내용이 분명하게 담겨 있습니다. 예전에《미국 국립과학원 회보》에 참여할 때나《이라이프》를 창간한 이후에도 내가 이 문제에 대해서 더욱 강경하게 의견을 표명하지 않은 이유가 궁금하시겠지요.


— 그 이유는 무엇입니까?


나는《이라이프》를 창간했을 당시에도 최대한 목소리를 내기 위해 노력했습니다. 하지만 솔직히 말하자면 노벨상을 받아야만 비로소 더 큰 영향력을 행사할 수 있습니다. 우리 운영진과 나, 특히 웰컴 트러스트Wellcome Trust(의료·보건 분야의 연구를 지원하는 영국의 재단—옮긴이)를 비롯한 여러 지원기관에서 일하는 사람들은 스톡홀름이 강력한 공식 선언을 발표할 수 있는 최적의 기회를 제공한다고 생각했습니다. 그 기고문은 많은 사람의 노력으로 작성되었습니다. 내 이름으로 발표되기는 했지만 나보다 더 훌륭한 분들이 기고문 작성에 참여했습니다. 노벨상 시상식 날 발표하기로 세심하게 계획을 세웠죠.

웰컴 트러스트의 홍보 담당자들을 통해 BBC4 생방송 인터뷰 일정을 잡았고, 내가 비판한 주요 학술지들의 편집인들에게 나와 이 문제에 관해 토론할 의향이 있는지를 확인했습니다. 그중 대부분이 거절 의사를 밝혔는데 사실상 현명한 처사였지요. 《사이언스》의 편집인 한 분이 제안을 수락했는데, 아마도 나중에는 그런 결정을 후회했을지도 모르겠습니다. 〈가디언〉에 실렸던 그 기고문이 이렇게 널리 알려졌다는 것이 정말 놀랍습니다. 나의 연구 분야에 관해 잘 모르는 사람들도 그 기고문에 대해서 나에게 이야기하곤 합니다.


— 양적인 지표를 활용하지 않는다면 어떻게 논문의 영향력을 평가해야 한다고 생각하시나요? 혹은 어떤 지표를 활용해야 할까요?


나는 어떤 숫자 하나로 논문의 가치를 측정할 수 있다고 생각하지 않습니다. 사람들이 일종의 대리인을 원한다는 점은 이해합니다. 아마 다른 측정 방법도 있겠지요. 학술지의 임팩트 팩터가 나쁜 이유는 너무나도 많습니다. 과학자들이 본인의 연구 성과를 서술하는 방식이 가장 좋습니다.

이런 질문을 받으면 나는 이렇게 답변하곤 합니다. '과학자들은 한 문단으로 된 글로 본인의 주요 발견이 무엇인지, 그리고 그 발견이 본인의 연구 분야에 어떤 영향을 미치는지를 설명해야 합니다. 약 250단어 분량으로 작성하고 이 글을 이력서에 수록할 필요가 있습니다. 펠로십에 지원하거나 채용에 응시한 사람을 처음으로 평가하는 데 이를 활용할 수 있습니다.'

미국 국립과학원에서 회원을 선임하는 방법을 예로 들어 설명해보겠습니다. 우선 후보자 추천이 이루어집니다. 추천자는 후보자의 이력서와 후보자가 발표한 가장 중요한 논문 열두 편의 목록이 수록된 두 장 분량의 서류를 준비합니다. 여기서 특히 중요한 부분은 후보자가 50단어 분량의 글과 250단어 분량의 글을 작성하는 것입니다. 전자는 후보자가 특별히 인정받을 만한 자격이 있는 주요 발견을 적은 것이고, 후자는 좁은 관점에서만이 아니라 더욱 폭넓은 이해를 원하는 사람들을 위해 조금 더 구체적으로 살을 붙인 것입니다. 신입 회원을 선임하기 위해서 투표에 참여하는 국립과학원 회원들이 후보자에 관해 잘 모를 수도 있습니다. 그들은 후보자가 작성한 글을 확인하지만 논문을 찾아 읽지는 않습니다. 이 글을 통해서 회원들은 해당 후보자가 중요한 발견을 했는지 여부를 판단합니다. 만약 모두가 이러한 방안을 채택한다면 한 개인이 이뤄낸 성과의 가치를 더욱 정확하게 반영할 수 있을 것입니다.


— 이와 관련해 실질적인 관점에서 살펴본다면 대학 및 지원기관
의 채용과 승진, 지원금 배분에 어떤 변화가 필요할까요?


이러한 문제를 진지하게 고민하는 지원기관들이 상당히 많습
니다. 영국에서는 웰컴 트러스트가 학문 연구를 평가하는 기
준으로 임팩트 팩터를 이용하는 것에 강력하게 반대하는 입장
을 견지하고 있습니다. 미국에는 하워드휴스 의학연구소Howard
Hughes Medical Institute가 있습니다. 승진 후보자인 연구자는 지
금까지 본인이 발표한 논문 중에서 가장 중요한 다섯 편을 선정
하고 각 논문의 중요성을 기술하는 글을 한 문단씩 작성해야 합
니다.
　　그러면 심사위원들이 이런 글과 논문을 읽어봅니다. 어느
학술지에 발표한 논문인지, 또는 임팩트 팩터가 어떤지는 고려
하지 않고 연구 성과를 직접 읽어보고 판단합니다. 미국 국립보
건원도 이와 유사한 방식을 사용합니다. 가장 중요한 논문들을
나열하고 어떤 점에서 이 논문들이 중요한지 설명하는 바이오스
케치bioketch를 활용합니다. 이 또한 학술지의 이름이나 임팩트
팩터와 거리를 두려는 노력의 일환입니다. 나는 이 문제에 대해
서 강경한 입장을 고수합니다. 어디로 출장을 가더라도 이런 문
제의 중요성을 지속적으로 강조하고 있습니다.

모두가 《셀》, 《네이처》, 《사이언스》에 논문을 발표하려고 집착하는 상황에서 우리는 결국 논문의 가치를 판단할 권한을 전문 편집인들에게 넘겨준 셈입니다. 물론 편집인들 역시 명석하고 박식하겠지만 그중 대다수는 수년간 실험실에서 직접 연구에 참여한 적이 없습니다. 나의 경험에 비추어 보면 그들은 논문의 구체적인 내용을 판단할 만한 자격이 없습니다. 과학자들이 제공하는 평론에 의존하는 실정입니다. 그런데 그런 사람들이 논문 심사 과정과 최종 결정에 권한을 행사합니다. 어떤 논문이 게재되는지를 결정하는 권한이 그들에게 달려 있는 것입니다. 반면에 《이라이프》는 검토위원들과 심사위원들에게 힘을 실어줌으로써 이런 결정과 관련된 권한을 분산하기 위해 노력해왔습니다. 《이라이프》에서는 논문을 검토할 때 검토위원들이 다른 검토위원들의 의견에 대해 논평하는 온라인 협의 과정을 거칩니다. 심사위원을 포함해서 두세 명의 검토위원이 참여하는 온라인 논의를 바탕으로 결정을 내립니다. 이러한 과정을 통해 즉시 발표 가능할 만큼 잘 준비된 논문인지, 저자가 보완해야 할 부분은 없는지를 판단합니다.

기존의 논문 발표 절차와 비교하면 상당한 진전이라 할 수 있습니다. 전문 편집인들에 의존하는 학술지들은 이러한 방식으로 공정하게 논문을 검토할 수 없을 것입니다. 나는 과학자들이 결정을 내리는 다른 학술지에 관여하고 있는 동료들에게도 이와 유사한 절차를 도입하도록 권하고 있습니다. 만약 모두가 이런 방안을 채택한다면 전문적이고 상업적인 편집인들로부터 권한을 되찾을 수 있을 것입니다.


— 과학에 관한 경이로운 이야기가 담겨 있는 논문이 되려면 어떤 핵심 요소들을 갖춰야 할까요?


일단 독창적인 아이디어가 바탕이 되어야 합니다. 예를 들어 새로운 기법이나 어떤 문제에 대한 새로운 사고방식, 또는 지금껏 미처 생각해내지 못한 새로운 문제 같은 것들 말입니다. 정형화된 공식이 있다고 말하기는 어렵지만 정말 뛰어난 논문은 읽었을 때 '왜 이런 생각을 하지 못했던 걸까?' 하는 생각이 듭니다. 또한 훌륭한 논문을 쓰려면 명확한 문장으로 작성해야 합니다. 지나치게 윤색하거나 과장해서는 안 됩니다. 연구 데이터가 스스로 말하도록 해야 합니다. 가장 위대한 논문들을 살펴보면 데이터가 확연하게 눈에 들어옵니다.

### Chapter 10

# 인생의 선택지를
# 열어두기

벤카트라만 라마크리슈난
Venkatraman Ramakrishnan

---

너 자신을 알라.
매사에 지나침이 없도록 하라.
확신은 파멸을 부른다.

• 델피의 신탁 •

— 우리는 지금 다윈이 무엇을 하고 있는지 알지 못합니다. 어쩌면 그들이 고이 잠들어 있는 웨스트민스터 사원에서 다윈과 뉴턴이 백개먼backgammon(서양식 주사위 게임의 일종—옮긴이)을 하고 있을지도 모르겠군요. 다윈과 뉴턴은 생물학과 물리학을 상징하는 대표적인 인물입니다. 그리고 교수님께서 로열 소사이어티Royal Society(1660년에 영국에서 설립된 자연과학학회로, 영국 왕립학회로도 알려져 있다. 뉴턴, 다윈, 아인슈타인 등 저명한 과학자들이 역대 회원이었다—옮긴이)의 회장이 되기 수십 년 전부터 생물학과 물리학은 교수님의 인생에서 양대 산맥이었습니다. 또한 로열 소사이어티의 최고 영예 중 하나가 다윈 메달이기도 합니다. 교수님은 23세 때 물리학 박사 논문을 쓰셨는데, 그때 이미 생물학으로 연구 분야를 전환하기로 결심하셨습니다. 라마크리슈난 교수님, 그렇게 전환하는 과정은 얼마나 어려웠습니까?

나는 '거꾸로' 돌아갔기 때문에 어려움을 겪었습니다. 그때 나는 박사학위를 받았고 바로 1년 전에는 결혼을 했습니다. 여섯 살 난 의붓딸이 있었고 박사 논문을 제출했을 때쯤 태어난 생후 1개월 된 아들도 있었습니다. 다시 대학원에 들어가기 위해 이사했을 때는 아이가 둘이었지요. 아내도 나를 따라와야 했고 우리는 대학원생 연구비에 의존해 생활해야만 했습니다. 그 점이 힘들었습니다.

또한 '거꾸로' 돌아갔다는 것은 다시 학부 강의를 들어야

인생의 선택지를 열어두기

했다는 뜻이기도 합니다. 생물학자가 되고 싶다고 생각하긴 했지만 《사이언티픽 아메리칸Scientific American》과 다른 잡지에서 읽은 기사들을 통해 알게 된 지식을 제외하면 생물학에 대해 그다지 잘 알지 못했습니다. 대학원에 들어간 첫날 교수님들이 자신의 연구에 관해 설명하는 입문 세미나 시간이 있었는데, 전문용어 때문에 무슨 내용인지 하나도 알아듣지 못했습니다. 심지어 람다lambda가 무슨 뜻인지도 몰랐습니다! 나는 람다가 파장을 가리킨다고만 생각했는데 교수님들이 말씀하신 람다는 일종의 바이러스였습니다. 1년 차에는 유전학, 생화학 및 세포생물학에 관한 학부 강의를 들어야만 했습니다. 그렇게 서서히 지식을 쌓아나갔지요. 그리고 이와 동시에 대학원에서는 연구를 진행했습니다. '1년 차' 연구원은 연구실을 택하기 전에 소규모 연구 프로젝트를 수행해야 했기 때문입니다.

이렇게 연구 분야를 전환할 수 있었던 건 미국에 있었기 때문입니다. 미국에서는 교과 과정이 상당히 유연하니까요. 필요한 강의는 무엇이든 들을 수 있고 1년 차에는 소규모 연구 프로젝트를 진행하면서 한 가지 분야에 정착하기 전까지 다양한 분야의 연구를 경험할 수 있습니다. 미국 시스템에서는 각자에게 맞춤화된 교육을 선택할 수 있습니다.

다시 원래 질문으로 돌아가자면 그런 점은 힘들었습니다. 하지만 대안이 있다는 생각을 했기 때문에 조금 수월해졌던 것 같습니다. 나는 물리학을 계속 연구하고 싶지 않았습니다. 당연히 다음 단계로 넘어가야만 할 것 같은 기분이 든다고 해서 자신이 흥미를 느끼지 못하는 일을 해서는 안 됩니다. 나는 일반물리학과 우주의 본질에 관심이 있었습니다. 젊은 시절에는 원대한 꿈을 꿉니다. 하지만 이제는 내가 별로 중요해 보이지 않는 사소한 문제들을 연구하고 있다는 생각이 문득 들었습니다. 계속 물리학을 연구했다면 아무도 신경 쓰지 않는 지루한 계산을 하면서 평생을 살았을 겁니다. 나는 그런 삶을 원하지 않았습니다. 스스로에게 온전히 두 번째 기회를 주는 것이 유일한 탈출구였습니다. 만약 어떤 일이 지루하다면 그 일을 계속하지 마세요. 밖으로 나가서 뭔가 다른 일을 시도해보길 바랍니다. 인생에서 선택지를 열어두는 것이 중요하다고 생각합니다. 나는 연구 분야를 전환하고 처음부터 다시 시작함으로써 선택지를 열어두었습니다.

— 교수님은 UC 샌디에이고에서 대학원 과정을 마치고 예일에서 박사후과정을 밟은 후에 여러 교수직에 지원하셨습니다. 그러나 '물리학자에서 생물학자가 되었다는'[22] 독특한 이력 때문에 면접 기회를 단 한 번도 얻지 못하셨습니다. 당시에 얼마나 힘드셨나요? 혹시 다시 물리학으로 돌아오거나 아예 과학 연구를 그만두는 상황까지도 생각해보셨나요?

그때는 좌절감이 정말 컸습니다. 박사후연구원으로 2년 정도 더 남아 있을 수도 있었지만, 그랬다면 여전히 똑같은 일을 하고 있었겠지요. 과연 내 이력서가 더 번듯해졌을지는 잘 모르겠습니다. 내가 지원서를 제출하면 상대방은 그저 성이 긴 사람이라고 생각할 뿐이니까요…….


— 교수님 성은 라마크리슈난이지요.

물리학 분야에서 2류 또는 3류인 인도의 대학에서 학사학위를 받고, 2류 또는 3류 대학에서 이론물리학 박사학위를 받은 사람이 생물학과나 생화학과에 지원한 거죠. 아마 그들은 내가 영어로 제대로 강의할 수 있다는 사실조차 몰랐을 겁니다! 그때가 1970년대에서 1980년대 초반이었습니다.

게다가 나는 '특이한' 기법으로 리보솜(단백질을 합성하는 세포소기관)을 연구하고 있었는데 여기에는 원자로가 필요했습니다. 이런 기법은 한때 잠시 인기를 얻기도 했지만 생물학에서는 그때까지 이렇다 할 성과를 내지 못했습니다. 또한 나는 과학 학술지의 '빅3'로 불리는 《네이처》, 《사이언스》, 《셀》에 논문을 발표하지도 못했습니다. 내 지원서에는 이런 것들이 뒤죽박죽 섞여 있었습니다. 아마 나라도 이런 지원서를 받았다면 불합격 서류 더미에 던져버렸을 것입니다. 나는 그들을 탓하지 않습니다. 그저 내가 그렇게 순진하고 어리석은 면이 있었다는 것입니다. 나는 커리어 지상주의자가 아니었습니다. 그저 어떤 분야가 흥미롭다고만 생각했지 그 분야를 택하면 3년 안에 일자리를 구할 수 있을지에 관해서는 고려하지 않았습니다. '앞으로 몇 년간 진심으로 이 일을 하고 싶은가?'를 고민하는 것이 아니라 커리어 전망에만 신경을 쓰는 사람들이 많습니다. 그런 커리어 지상주의자는 아마도 일자리는 찾을 수 있겠지만, 과연 정말 독창적인 과학자로 성장할 수 있을지는 의문입니다.

— 그 대신에 교수님은 언제나 시급한 연구 과제들을 따라가셨습니다.

물론 나도 실수를 범한 부분이 있습니다. 2류 또는 3류 대학에 들어가는 것은 그다지 좋은 생각이 아닌 듯합니다. 나는 학사학위와 박사학위 때 두 번이나 그렇게 했습니다. 교수진 때문은 아닙니다. 그런 대학에서도 교수진은 상당히 훌륭했습니다. 교수직은 얻기가 힘들어서 결과적으로 뛰어난 사람들이 교수직을 차지하기 때문입니다. 하지만 그런 대학은 최상의 학생들을 모으지는 못합니다. 교수진에게서 배우는 것만큼이나 동료 학생들한테서도 많은 것을 배울 수 있습니다. 주변 환경이 중요합니다.

— 교수직을 얻지 못해서 계속 꿈을 추구하기 어려워졌을 때, 혹시 모든 것을 뒤로하고 떠나거나 다시 물리학으로 돌아가겠다는 생각을 단 한 번이라도 하신 적이 있습니까?

인생의 선택지를 열어두기

물리학으로 다시 돌아갈 생각은 추호도 없었습니다. 물리학은 나한테 맞지 않았습니다. 오해는 하지 마세요. 물론 물리학은 정말 멋진 학문이지만 나는 이미 '기회를 놓쳐버렸다'고 생각합니다. 만약 물리학자가 되고 싶었다면 훨씬 전에 다른 결정을 내렸어야 했습니다. 하지만 예전에 물리학을 공부한 경험이 있어서 다행입니다. 그 덕분에 물리학의 아름다움을 어느 정도 이해할 수 있게 되었기 때문입니다. 다른 질문으로 돌아가자면 나에게는 항상 차선책이 있었습니다. 차차선책, 그 이후의 대안까지도 마련해두었죠. 상황이 잘 풀릴지 결코 확신할 수 없었기 때문입니다. 리더의 자리에 오르고 종신 재직권을 얻은 후에도 마찬가지였습니다. 연구에서 확실한 것은 아무것도 없습니다. 당시에 나는 물리학에 대한 지식 덕분에 컴퓨터 프로그래밍을 할 줄 아는 몇 안 되는 사람이었습니다. 어쩌면 실리콘밸리에서 일자리를 얻을 수도 있겠다고 생각했지요.

—  또 다른 선택지로는 어떤 것들이 있었나요?

재교육을 받고 교사가 되는 방안도 고려해보았습니다. 고등학교에는 언제나 과학 교사가 부족하니까요. 만약 내가 교사 자격증과 물리학 박사학위를 보유하고 교사직에 지원했다면 주목을 받았을 겁니다. 그때 이미 한 가정의 가장이었기 때문에 느긋하게 실업 상태로 지낼 수는 없었습니다. 최선책이 잘 풀리지 않을 경우에 대비해서 다른 대안을 확보해야만 했습니다. 가끔 이런 생각을 해봅니다. '만일 내가 컴퓨터 프로그래머가 되었다면 어땠을까?' 그랬다면 1980년대에 실리콘밸리에서 굉장한 성공을 거두었을 수도 있습니다. 지금쯤 억만장자가 되었을지도 모르죠. 한편 교사가 되었어도 좋았을 거라고 생각합니다. 수많은 혁신적인 일을 해낼 수 있는 멋진 직업이니까요. 어느 쪽을 택했어도 나는 행복하게 지냈을 겁니다. 이렇게 말했을지도 모르죠. '예전에는 과학을 연구해봤고 최선을 다했지만 일이 잘 풀리지 않았어. 지금은 나의 배경을 활용해서 뭔가 흥미로운 다른 일을 하고 있어.'

— 교수님의 부모님은 과학자로서 성공을 거둔 분들이셨지요. 이러한 집안 배경이 교수님의 인생에 얼마나 영향을 미쳤습니까?

직접적인 영향을 받지는 않았지만 어쩌면 간접적인 영향이 있었을지도 모르겠습니다. 아버지는 내가 기초과학을 연구하길 바라지 않으셨습니다. 의사가 되길 기대하셨죠. 자식이 여유로운 수입을 얻고 안정된 삶을 살길 바라셨습니다. 실은 아버지도 의사가 되고 싶으셨겠지만 형편이 여의치 않았을 거라 생각합니다. 조부모님이 경제적으로 어려움을 겪으셨고 할아버지가 세상을 떠나셨기 때문입니다. 아버지는 끝내 그 꿈을 이루지 못하셨죠. 내 여동생은 의대에 진학하긴 했지만 지금은 기초과학을 연구하는 학자가 되었고 미국 국립과학원의 회원으로 선출되었습니다. 그러니 결국 우리는 모두 과학을 연구하게 되었습니다. 어머니는 나에게 기초과학을 연구하라고 독려해주셨는데, 정작 나는 공학, 의학 또는 기초과학 중에서 어떤 분야를 공부하고 싶은지 확신이 없었습니다. 나중에 인도 정부에서 명성이 높은 장학금을 받게 되었는데, 기초과학을 연구해야만 장학금을 받을 수 있다는 조건이 있었습니다. 그때는 물리학과 수학을 좋아했기 때문에 그런 분야를 연구하게 되었습니다.


—  교수님의 어머니는 불과 18개월 만에 박사과정을 마치셨습니다. 어떻게 그런 일이 가능했을까요?

어머니의 논문이 구체적으로 어떤 내용인지는 잘 모르겠지만, 어머니는 실험심리학의 아버지인 도널드 헵Donald Hebb과 함께 연구했습니다. 오늘날까지도 뇌과학자들이 그의 아이디어들을 활용하고 있습니다.


—  도널드 헵은 심리학과 신경과학의 선구자였지요. 그의 이름은 주로 뉴런 사이의 연결 및 학습 과정과 관련해서 거론됩니다.

아마도 내가 세 살일 때 아버지에게 나를 맡기고 유학을 떠났기 때문에 그런 일이 가능했던 것 같습니다. 가족에 대한 부담감 때문에 어머니가 모든 학업을 빨리 마무리했을 거라고 생각합니다. 어머니는 학위 수여 이전에 귀국했습니다. 논문을 제출한 후에 곧바로 인도로 돌아왔죠. 그래서 그렇게 빨리 박사과정을 마칠 수 있었던 것 같습니다.


― 　교수님은 인도에서부터 시작해 세계 각국에서 일하셨습니다.

어린 시절에 2년간 호주에서 살기도 했습니다.


― 　호주에서 지내시던 시절은 어땠나요?

어쩌면 그때가 나의 어린 시절에서 가장 즐거웠던 시기였다고 할 수 있겠네요. 밖에서 맨발로 뛰어다니면서 놀았죠. 신나는 시간이었습니다.


― 　호주에 살다가 인도로 돌아와서 힘들지는 않으셨나요?

처음 2주 정도는 힘들었지만 그 후에는 괜찮았습니다. 인도로 돌아가고 싶지 않았다는 것은 기억이 납니다. 아버지에게 이렇게

인생의 선택지를 열어두기

말했죠. "여기 호주 이웃들한테 저를 맡기고 가셔도 돼요!" 하지만 결국에는 인도가 내 고향입니다.

—  로열 소사이어티의 좌우명은 호라티우스의 《서간시Epistles》에서 비롯되었습니다. "어떤 스승에게도 충성을 맹세할 의무를 지니지 않으며, 폭풍우가 어디로 나를 이끌어가든 간에 손님으로서 이를 따르리니Nullius addictus iurare in verba magistri, – quo me cumque rapit tempestas, deferor hospes." 이것은 마치 교수님 인생의 좌우명처럼 들리기도 합니다. 교수님은 수많은 나라를 거쳐 가셨는데 아직도 스스로 아웃사이더라고 생각하십니까? 어디에 소속감을 느끼시나요?

정말 복잡한 문제입니다. 인도에 가면 모든 것이 나에게 친숙합니다. 대략 30년간 미국에 사는 동안 내가 인도에 다녀온 것은 세 번에 불과합니다. 놀라울 정도로 인도와 교류가 없었습니다. 그러다가 영국으로 이주하고 나서 약 3년 후에 처음으로 과학 회의에 참석하기 위해 인도에 갔습니다. 그전까지는 인도 과학자들을 전혀 몰랐는데, 이 회의를 계기로 인도와의 교류가 다시 시작되었습니다. 지금 어떻게 느끼냐고 묻는다면 복잡한 심경입니다. 나는 내가 인도 혈통의 영국계 미국인이라고 생각합니다. 이 세 나라가 각각 내 일부를 이루고 있습니다. 만약 내 집이 어디냐고 묻는다면 나는 케임브리지라고 답할 것입니다. 이곳에서 일하고 친구들과 어울리기 때문입니다. 하지만 아이들이 미국에 살고 있어서 미국도 친숙하게 느껴집니다. 자신을 어떤 민족의 일원이라기보다는 한 명의 개인으로 생각할 필요가 있습니다.


— 교수님은 2009년에 '리보솜의 구조와 기능'[23]에 대한 연구로 토머스 스타이츠Thomas Steitz, 아다 요나트Ada Yonath와 공동으로 노벨 화학상을 수상하셨습니다. 스톡홀름에서 전화가 걸려왔을 때 무엇을 하고 계셨나요?


그날은 연구실에 늦게 도착했던 기억이 납니다. 자전거를 타다가 도중에 타이어에 펑크가 났거든요. 너무 늦은 데다 다시 돌아가기에는 너무 멀리까지 왔기 때문에 결국 걸어서 자전거를 끌고 연구실까지 왔습니다. 그래서 다소 짜증이 난 상태였죠.

　　그때는 내가 연구하고 있던 주제와 관련된 국제적인 상을 대부분 다른 사람들이 이미 받은 상황이었기 때문에 '나는 분명히 노벨상을 받지 못할 거야'라고 생각했습니다. 수상을 알리는 전화를 받았을 때는 장난 전화일 거라고 확신했습니다. 우리 학계에 있는 사람들이 그런 농담을 하기도 했거든요. 우리는 누군가에게 전화를 걸어서 스웨덴 사람인 척해보자며 농담을 했습니다. 하지만 나는 그런 전화를 건 적이 한 번도 없었습니다. 그래서 다른 누군가가 나한테 장난을 친 줄로만 알았습니다. 당시에 내 주변에 그런 장난을 치는 친구들이 있었습니다.

인생의 선택지를 열어두기

— 이제 이 책의 절반이 지나갔습니다. 교수님의 연구 분야 외에 가장 흥미롭게 생각하는 실험적인 문제들은 무엇인가요? 다음에 이어질 장들에서는 그런 문제 중 몇 가지에 대해서 답해보도록 하겠습니다.

생물학의 중요한 화두는 뇌와 뇌의 체계에 관한 문제들입니다. 이런 문제들에 접근하려면 심리학부터 기억 및 회로와 관련된 화학에 이르기까지 여러 층위의 연구가 필요합니다. 또한 수많은 새로운 도구가 개발될 것입니다. 궁극적인 목표는 의식의 자아 인식을 이해하는 것입니다. 하지만 그러기까지 얼마나 시간이 걸릴지는 잘 모르겠습니다. 그리고 머신러닝, 과연 기계가 우리 인간이 스스로를 지능적이라고 여기는 만큼 지능적인 존재가 될 수 있을지에 대한 문제들도 있습니다. 아울러 유전자 변형을 둘러싼 문제들이 어디로 이어질지에 관한 다양한 측면이 있습니다. 결국에는 스스로 진화하게 될까요? 생명과학 분야에는 한없이 많은 질문이 남아 있습니다.

물리학에서는 중력파의 발견이 있습니다. 100년 전의 이론이 드디어 해독된 것입니다. 에너지 물리학은 점점 난해해지고 있으므로 이 분야에서 지금 어떤 상황이 벌어지고 있는지 이해하기가 쉽지 않습니다. 그리고 우주의 너무나도 많은 부분이 암흑물질로 이루어져 있다는 것도 나에게는 정말 인상적이었습니다. 암흑 에너지에 관한 수많은 의문은 아직 규명되지 않은 상태입니다. 불과 몇 퍼센트에 해당하는 부분이 우리 우주를 구성하며 우리는 우주의 극히 일부만을 볼 수 있습니다.


— 이제 새로운 장을 시작할 때가 된 것 같습니다. 뇌부터 시작해
서 의사결정과 유전학, 그리고 우주 물리학에 대해 살펴보겠습
니다.

# 우리가 알지 못하는
# 의식의 비밀

에릭 캔들, 토르스텐 비셀

Eric R. Kandel, Torsten N. Wiesel

---

일견 사소해 보이는 문제들이 실은
사람들이 아직 이해해내지 못한 커다란 문제들이다.

• 산티아고 라몬 이 카할 •

― 에릭 캔들 교수님은 주로 군소와 쥐를 대상으로 한 연구를 통해 기억이 어떻게 작동하는지에 관한 획기적인 발견을 해내셨습니다. 그리고 토르스텐 비셀 교수님은 고양이와 원숭이를 실험 모델로 연구해서 '시각계의 정보 처리'[24]에 대한 우리의 인식에 엄청난 변혁을 일으키셨습니다. 두 분의 선구적인 연구 이후 50년이 흘렀는데요, 현재 우리가 기억과 시각에 대해 알고 있는 부분은 무엇일까요? 그리고 여전히 미지의 영역으로 남아 있는 부분은 무엇일까요?

캔들 | 나는 연구를 통해 학습과 기억이 시냅스 구조의 변화를 수반한다는 사실을 최초로 발견했습니다. 이러한 원칙은 모든 형태의 기억에서 특징적으로 나타납니다. 그런데 포유동물의 뇌에 존재하는 복잡한 형태의 기억과 관련해서는 어떤 종류의 자극이 시냅스 체계를 활성화하는지가 불분명합니다. 이 부분에 대해서는 앞으로 더 많은 연구가 필요합니다.

비셀 | 이 점에 관해서는 나도 노벨상 공동 수상자인 데이비드 허블과 같은 의견입니다. 이 분야에서는 애초에 우리가 바랐던 것만큼 빠르게 연구가 진행되지는 않았던 것 같습니다. 물론 그동안 진전을 이룬 부분도 있고 새롭게 발견된 부분도 있지만, 시지각視知覺의 신경 기저를 명확하게 이해하기에는 아직도 우리의 지식이 부족합니다. 뇌를 이해하려면 일단 신경 회로와 작동을 알아야 합니다. 산티아고 라몬 이 카할Santiago Ramón y Cajal이 모든

우리가 알지 못하는 의식의 비밀

뇌과학자에게 영웅과도 같은 존재라는 것은 분명하지만, 단일 세포 수준과 뇌 회로의 작동 사이의 간극을 메우기 위해서는 앞으로 계속 연구해야 할 과제가 많습니다. 연구 기법이 더 발달한다면 회로와 기능 간의 상호작용에 관해 더 많은 부분을 알아낼 수 있을 것입니다.

— 방금 언급하신 산티아고 라몬 이 카할은 최초의 뇌과학자로, '신경계의 구조에 관한 연구를 인정받아'[25] 카밀로 골지Camillo Golgi와 함께 노벨상을 수상했습니다. 무려 100여 년 전에 카할은 《과학자를 꿈꾸는 젊은이에게Advice for a Young Investigator》라는 책에 이런 글을 남겼습니다. "인간의 정신은 의식의 출현 등 매우 난해한 문제들을 본질적으로 해결할 수 없다." 의식, 인지 및 의식장애와 관련해서 교수님은 카할의 이 글에 대해 어떻게 생각하십니까? 또한 어떻게 하면 신경과학이 이런 개념들을 정확하게 정의할 수 있을까요?

비셀│그분이 살았던 시대의 연구 기법과 접근법을 감안하면 맞는 말이라고 생각합니다. 그뿐만 아니라 그동안의 수많은 기술적 발전에도 불구하고 나는 카할의 견해가 여전히 대체로 옳다고 생각합니다. 우리는 세포들이 어떻게 상호작용하는지, 뉴런 집단이 어떻게 함께 작용하는지를 제대로 알지 못합니다. 향후에는 시냅스에만 주목할 것이 아니라 의식을 구성하는 회로에도 관심을 가질 필요가 있습니다. 당분간 나는 카할의 견해를 따르겠지만 미래 세대는 의식의 비밀을 알아낼 방법을 찾을 수 있기를 바랍니다.

캔들 | 카할이 말했듯이 이것은 정말 어려운 문제이지만 우리는 진전을 이루어내고 있습니다. 예를 들어 의식consciousness이라는 단어는 다양한 의미를 지닐 수 있습니다. 파리에 있는 콜레주 드 프랑스에서 활동하고 있는 훌륭한 인지심리학자인 스타니슬라스 데하네Stanislas Dehaene는 멋진 실험으로 다음과 같은 사실을 밝혀냈습니다. 만약 내가 몇 밀리세컨드(1,000분의 1초―옮긴이) 정도로 아주 잠깐 동안 당신의 모습을 바라본다면 시각피질 내의 한 부분이 '활성화'되는 것을 특정한 뇌 영상 기법을 통해 확인할 수 있습니다. 그게 전부입니다. 그런데 지금처럼 더 오랜 시간 동안 당신을 바라볼 수 있으면 대뇌피질의 더 넓은 영역까지 활성화됩니다. 따라서 의식적 인식conscious perception이 일어날 때는 원래 장소에서 다른 영역으로의 정보 전달이 수반됩니다. 시각에는 역치가 있어서 역치 미만의 자극에 대해서는 우리가 어떤 것을 '보았다'는 사실을 깨닫지 못합니다. 하지만 일부가 활성화되는 모습을 통해 알 수 있듯이 대뇌피질에서는 그것을 '감지'합니다. 우리는 어떤 것을 인식할 때 원래의 장소를 넘어서는 다른 뇌 영역들까지 동원합니다. 활성화 상태가 전파되고 뇌의 다른 부분들도 이에 동참합니다. 하지만 아직 우리는 이러한 과정들을 점차 이해해나가는 초입 단계에 있습니다.

우리가 알지 못하는 의식의 비밀

— 또한 카할은 《80세 노인의 눈으로 바라본 세상The World as Seen by an Eighty-Year-Old》이라는 책에서 노화에 따른 기억 및 시각 관련 문제들을 다룬 바 있습니다. 두 분은 각각 1929년과 1924년에 태어나셨습니다. 그리고 우리는 오늘 이전에 이미 두 차례 정도 만난 적이 있습니다. 제 눈에는 두 분 모두 여전히 건강해 보이십니다. 이 점에 관해서는 카할이 틀린 것 같은데요…….

캔들 | 그렇습니다. 나는 건강합니다. 하지만 카할이 살았던 시대에는 남성의 평균 수명이 50세 또는 그 이하였습니다. 여성의 경우에는 그보다 조금 더 오래 살았을 겁니다. 요즘에는 평균 수명이 더 길어졌습니다.

비셀 | (웃음) 카할은 본인의 의견을 밝힌 것입니다! 나는 여전히 기운이 넘치지만, 예전에 내가 연구하던 시각 분야의 연구 동향은 이제 따라가지 못합니다. 카할은 몇 세를 일기로 세상을 떠났나요?

— 82세였습니다. 당시로서는 상당히 장수하신 편입니다. 우리는 살아가면서 배우고 수많은 결정을 내립니다. 기계가 인간보다 더 결정을 잘하게 될까요?

비셀 | 그건 기계가 어떤 종류의 결정을 하게 하는지에 따라 달라

집니다. 체스 게임의 전략을 결정하는 경우처럼 이미 의사결정을 잘하는 기계가 존재합니다. 자동화 시대가 도래하고 있고 앞으로 자동화에 더 많이 의존하게 될 것이라는 점은 분명합니다. 어쩌면 각종 기기에 대한 의존도가 지금보다 더 높아질 수도 있겠죠. 사람들은 자동화가 인간의 정신을 대체할지도 모른다며 지나치게 걱정하는 것 같습니다. 최소한 지금으로서는 그럴 가능성은 매우 희박합니다. 도구는 유용할 때가 많아요. 현금인출기를 생각해보세요. 버튼만 누르면 돈이 나옵니다. 이런 종류의 자동화는 유익하죠. 사람들은 통제권을 잃을까 봐 걱정하는데, 사실 지금도 우리는 모든 결정을 다 통제하지 못합니다. 그런데 왜 그런 걱정을 할까요? (웃음) 우리 아버지는 정신과 의사였고 스칸디나비아에서 가장 큰 정신병원의 원장이었습니다. 나는 정신병원이라는 환경 속에서 자랐기 때문에, 삶의 모든 면을 완전히 통제할 수 있다고 생각하는 사람들을 보면 항상 놀랍고 신기합니다.

캔들 | 이런 질문에는 뭐라고 답변해야 할지 잘 모르겠습니다. 어떤 결정들은 기계가 더 잘할 수도 있겠지요. 하지만 누구와 결혼할지, 어떤 직업을 택해야 할지 등 중요한 결정에는 무의식적인 차원이나 감정과 관련된 수많은 요인이 작용하기 때문에 현재로서는 기계가 별로 도움이 되지 않을 것 같습니다.

우리가 알지 못하는 의식의 비밀

— 이번에는 살아 있는 인간의 뇌 '안을 들여다보는' 뇌 영상neuro-imaging 기법의 발달에 관한 질문을 드리겠습니다. 살아 있는 뇌의 시냅스에서 지금 어떤 일이 벌어지고 있는지를 실시간으로 고해상도 화질로 보여주는 '영화'를 촬영한다는 것이 과연 가능할까요?

비셀 | 현재로서는 불가능한 상황입니다만, 몇몇 기법의 공간 해상도와 시간 해상도가 높아지고 있습니다. 만약 앞으로 더욱 발달한다면 이런 기법들을 통해 과학자들이 훨씬 다채로운 방식으로 인간의 뇌와 정신을 탐구할 수 있을 것입니다. 나라면 당분간 동물실험을 고수하겠습니다. 앞에서 언급한 내용은 상당히 야심 차고 미래 지향적인 목표입니다.

캔들 | 이런 기법들은 계속 발달하고 있습니다. 인간의 뇌 안에 있는 시냅스 하나하나를 다 살펴볼 수 있을지는 잘 모르겠습니다. 언젠가는 가능할 수도 있겠지만 아직은 먼 미래의 일입니다.

— 신경과학 분야에는 오랜 시간 동안 홀대받았던 연구 주제가 있습니다. 바로 장뇌 축gut-brain axis입니다. 그런데 이제는 중추신경계 및 몸 전체와 중추신경계의 관계를 바라보는 관점과 관련하여 장뇌 축이 판도를 뒤바꾸고 있는 것처럼 보입니다. 장뇌 축은 무엇을 의미합니까?

**캔들** | 위와 장의 신경 분포와 관련된 복잡한 신경계가 존재합니다. 거의 자율적으로 작용하지만, 뇌와 의사소통하고 뇌 자체에 영향을 미치기도 합니다. 이러한 신경계는 어떤 기능을 하고 뇌 기능에 어떤 영향을 미칠까요? 이는 매우 흥미로운 분야입니다.

더욱 폭넓게 생각해보자면 뇌에 대한 연구에는 수없이 많은 도전 과제가 있습니다. 지적으로 매우 흥미로운 분야이며 사회적으로도 상당히 중요합니다. 예를 들어 조현병과 조증처럼 아직까지 이상적인 치료법을 찾아내지 못한 뇌장애가 상당히 많습니다. 우울증에 관해서는 비교적 괜찮은 치료법이 존재하지만, 현재로서는 조현병을 효과적으로 치료하지 못하고 있습니다. 그런 사람들이 삶의 질을 개선할 수 있도록 앞으로 해야 할 일이 아주 많습니다.

**비셀** | 마이크로바이옴microbiome(장내 미생물—옮긴이)과 뇌의 관계에 대한 지식은 여전히 매우 제한적입니다. 하지만 장내 세균총細菌叢, 그리고 우리가 어떤 음식을 (얼마나 많이) 먹고 마시는지가 뇌와 정신에 어떤 영향을 미치는지에 대해서 더 많이 알아낼 필요가 있습니다.

—  캔들 교수님, 두 분 모두 뉴욕에 살고 계신데 가끔 비셀 교수님을 만나시나요?

우리가 알지 못하는 의식의 비밀

캔들│네, 그렇습니다. 나는 그를 매우 존경하고 종종 만나서 교류하고 있습니다. 그가 총장으로 재임하던 시절에는 록펠러 대학교에서 함께 일했습니다. 그분의 아내인 무Mu와도 친분이 있습니다. 정말 멋진 부부입니다.

— 저도 그렇게 생각합니다. 제가 이탈리아, 스웨덴, 미국에서 교수님 부부를 만나 뵌 적이 있는데요, 두 분도 다정한 부부이시지요. 사모님이 교수님의 인생에서 상당히 중요한 부분을 차지하는 것 같습니다.

캔들│아내는 내 인생에서 매우 중요한 사람입니다. 아마도 아내가 아니었다면 나는 노벨상을 수상하지 못했을 겁니다.

— 정말인가요?

캔들│행정직은 절대로 맡지 말라고 아내가 설득했거든요. 내가 하버드에서 레지던트 과정을 마쳤을 때 하버드 의대 부속병원인 베스 이스라엘 병원의 정신건강의학과 과장직 제안이 들어왔습니다. 비교적 젊은 나이였기에 파격적인 기회였습니다. 하지만 데니즈는 이렇게 말했습니다. "뭐라고? 연구 커리어를 행정직과 바꾸겠다고? 절대 안 돼!"

—　　정말 최선의 결정을 내리셨군요.

캔들 | 그러게 말입니다!



—　　사모님은 교수님이 쓰신 글을 미리 읽어보는 특권을 누리시겠
　　　네요. 교수님에게 사모님은 최고의 편집자인가요?

캔들 | 내가 어떤 글을 쓰든 간에 날카로운 비평을 해준답니다!
(웃음)



—　　두 분은 처음에 어떻게 만나셨나요?

캔들 | 누군가 나에게 정말 흥미로운 여자가 있다고 이야기했습
니다. 그래서 전화를 걸어봤는데 데니즈는 나랑 데이트하고 싶어
하지 않았어요. 나한테 전혀 관심이 없었죠. 수차례 말을 붙여봤
는데, 한번은 내가 빈에서 왔다는 이야기를 했더니 목소리가 살
짝 달라지더라고요. 내가 유럽에서 왔다는 걸 알고는 나를 만나
는 게 완전히 시간 낭비는 아닐 거라는 생각이 들었나 봐요. 사
귄 지 얼마 되지 않아 서로 진지한 관계라는 걸 느꼈죠. 몇 달 안
에 결혼하게 될 거라는 확신이 들었습니다.

―   이번에는 뉴욕에서 빈으로 무대를 옮겨보겠습니다. 교수님은 빈에서 태어나셨고 아홉 살 때 나치를 피해서 형과 함께 미국으로 오셨습니다. 뉴욕 대학교 의대에 다니시기 전에는 하버드 대학교에서 역사와 문학을 공부하셨습니다. 이런 분야의 학문이 교수님의 뇌와 정신에 어떤 영향을 미쳤나요?

캔들│지대한 영향을 미쳤습니다.


―   어떤 방식으로요?

캔들│니체, 도스토옙스키, 프로이트를 '만날 수' 있었습니다. 나는 이제 글쓰기가 두렵지 않습니다. 차분하게 앉아서 무언가를 글로 적는 법을 배웠습니다. 그 이후에 동료들과 함께 신경과학 교과서를 집필하기도 했고 소소하게 저서를 몇 권 출간하기도 했습니다.


―   교수님께서 편집인 및 주 저자를 맡으신 《신경과학의 원리Principles of Neural Science》는 '더 캔들The Kandel'이라고도 불리는데, 전 세계의 뇌과학자들에게 이 책은 바이블로 통합니다.

캔들│그 밖에도 자서전 《기억을 찾아서 In Search of Memory》를 출간하기도 했고 다른 책들도 펴냈습니다. 나는 글쓰기가 두렵지 않습니다. 역사와 문학을 전공하면 그냥 저절로 그렇게 됩니다. 폭넓은 교육을 받게 되거든요. 그게 나한테는 상당한 도움이 되었습니다.

—   지금 교수님이 정신분석가의 상담실 카우치에 누워 있다고 상상해보십시오. [캔들 교수는 실제로 카우치에 누운 듯한 자세를 취했다.] 교수님께 빈은 어떤 의미를 지닐까요?

캔들 | 글쎄요, 상당히 다양한 의미를 지닌다고 할 수 있습니다. 아홉 살 때 학교에서 쫓겨났고 모국을 떠날 수밖에 없었습니다. 그래서 미국으로 왔고 그 이후로 여러 특권을 누리며 살아왔습니다. 미국보다 나은 곳을 찾을 수는 없었을 겁니다. 여기서 나는 정말 멋진 경험을 했어요. 요즘 오스트리아는 고군분투하고 있습니다. 지금은 민주주의 국가가 되었지만, 우파 세력의 영향력이 여전히 세고 무섭기도 합니다. 때로는 나라 전체를 장악하려고 위협하기도 하지만 아직은 그런 일이 일어나지 않았습니다.

—   현재 교수님의 인생에서 빈과의 관계는 어떻습니까?

캔들 | 예전보다 훨씬 더 관계가 좋아졌습니다. 빈에 있는 친구들

우리가 알지 못하는 의식의 비밀

도 사귀었고 그곳의 여러 신경과학 단체에 조언과 도움을 제공하고 있습니다. 빈은 문화적으로 매우 흥미로운 도시입니다. 파리에도 집이 한 채 있는데 파리에서 지낼 때면 매년 한두 번씩 빈을 방문합니다.

— 빈에 대해 말하자면 정신분석 이야기를 빼놓을 수가 없습니다. 교수님께 정신분석은 무엇을 의미하나요?

캔들│지금 나에게 정신분석은 회색으로 희미해져 가는 분야처럼 보입니다. 학부와 의대에 다니던 시절에는 나도 정신분석을 받았고 내 친구들도 대개 마찬가지였습니다. 정신분석을 받는 지인들을 마주치지 않고서는 브로드웨이를 지나갈 수 없을 정도였죠. 하지만 지금은 상황이 달라졌습니다. 그 이유는 무엇일까요? 정신분석을 받으려면 비싼 금액을 지불해야 한다는 인식 때문이기도 하지만 무엇보다도 사람들이 정신분석을 실망스럽다고 여기기 때문입니다. 현대화된 세상에서 살아남으려면 꼭 필요한 두 가지가 있는데, 정신분석은 이 두 가지에 실패했습니다. 첫째, 다른 치료법보다 더 효과가 좋다는 것을 입증하지 못했습니다. 둘째, 정신분석이 어떻게 작동하는지를 보여주지 못했습니다. 영상이나 다른 기법을 이용해서 정신분석의 작동 기전을 보여주는 연구가 꼭 필요한 실정입니다.

— 프로이트는 신경과 의사였고 상당한 해부학 지식을 갖추고 있었습니다. 그런데 어째서 자신의 정신분석 개념들을 신경해부학과 연결해보려는 시도를 하지 않았을까요?

캔들 | 시도를 하긴 했습니다. 1895년에 〈신경과 의사를 위한 정신분석〉이라는 논문을 썼습니다. 한번 읽어보시기 바랍니다. 하지만 사실상 제대로 이해하기가 불가능합니다. 그가 개발하려고 했던 신경학적 모델은 어떻게 생각하면 터무니없어 보이기도 합니다. 프로이트는 다음과 비슷한 말을 했습니다. '무의식적 과정과 의식적 과정에 대해 논하기에는 뇌에 대한 우리의 지식이 충분하지 않다. 언젠가 뇌과학이 더욱 발달한다면 내가 다루는 문제들의 상당수를 설명해줄 수 있을 것이다. 하지만 지금으로서는 추상적인 인지심리학적 모델을 개발해야 한다. 아직 뇌과학의 수혜를 받지 못하는 상황이기 때문이다.'


— 허블과 비셀은 카너먼과 트버스키, 왓슨과 크릭과 더불어 과학 역사상 가장 성공적인 협력 관계 중 하나입니다. (다음 장에서 대니얼 카너먼을 만날 예정입니다.) 외부의 관점에서 볼 때 과학적 파트너십에 대해 어떻게 생각하십니까?

캔들 | 허블과 비셀은 훌륭한 협력 관계를 보여주었습니다. 대뇌피질의 시각체계에 관한 연구의 장을 활짝 열었죠. 두 사람은 상

우리가 알지 못하는 의식의 비밀

호 보완적인 역할을 했고 그렇게 함으로써 탁월한 성과를 낼 수 있었습니다.

— 비셀 교수님은 데이비드 허블 교수님과 독보적으로 강력한 과학 연구팀을 이루셨지요. 허블 교수님을 언제 어디서 처음 만나셨나요?

비셀┃1956년에 애틀랜틱시티에서 열린 어느 콘퍼런스에서 처음 만났습니다. 그때 이미 데이비드는 깨어 있는 고양이의 단일세포 신호를 기록하는 장치를 개발하고 제작해낸 상태였습니다. 나는 그가 대뇌피질 신경생리학 분야에서 과학적 문제들에 접근하는 방식에 감명을 받았습니다. 유머 감각을 갖춘 모습도 인상적이었습니다. 그때 데이비드는 군 연구기관인 월터 리드 미 육군 연구소Walter Reed Army Institute of Research 소속이었고 나는 존스홉킨스 의대에 몸담고 있었습니다. 1958년에 나의 멘토인 스티븐 쿠플러가 데이비드와 나를 함께 불러서 존스홉킨스에서 점심 식사 자리를 가졌습니다. 데이비드는 존스홉킨스의 버넌 마운트캐슬Vernon Mountcastle 연구팀에 채용되었는데, 그 연구실은 리모델링 중이었습니다. 쿠플러 교수님은 데이비드와 나에게 리모델링이 마무리되길 기다리는 동안 월머 연구소Wilmer Institute의 지하에서 일단 공동 연구를 시작해보라고 제안하셨습니다. 첫 점심 식사 미팅에서 우리는 고양이의 시각피질에서 단일세포들의 신호를 기록하는 계획을 수립했습니다. 그 이후로 약 20년 동안 협력 연구 관계가 지속되었습니다.

— 볼티모어에서 시작해서 보스턴까지 이어진 20년의 협력 관계가 그렇게 시작되었던 것이군요. 교수님은 비교적 규칙적인 연구 일정을 따르셨는데요. 화요일과 목요일에는 기록을 하고 수요일과 금요일에는 분석을 하셨습니다. 그리고 나머지 요일에는 데이터를 분석하고 다른 실험들을 계획하셨습니다. 그렇지요?

비셀 | 그렇습니다.

— 존스홉킨스의 지하실에서 처음 실험을 시작하셨을 때, 교수님은 고양이가 특정한 시각 자극을 응시하는 동안 고양이의 시각피질에 있는 뉴런의 전기적 활동을 측정하셨습니다. 교수님이 제공하신 특정 시각 자극에 정확하게 반응하는 뉴런들을 찾아내기까지 시간이 얼마나 걸렸습니까?

비셀 | 그리 오래 걸리지는 않았습니다. 데이비드와 내가 실험을 시작했을 때 우리는 스티븐 쿠플러의 망막 신경절 세포 연구를 위해 특별히 제작된 검안경을 사용했습니다. 그런데 우리의 목표는 시각피질 세포의 시각 반응을 기록하는 것이었습니다. 처음

몇 주 동안은 동일한 장비를 사용했습니다. (켜고 끌 수 있는) 빛의 점을 만들어내는 슬라이드를 삽입하고 망막에 비춰서 고양이의 시각피질 세포에 자극을 주었습니다. 그러나 유감스럽게도 얼마 후에 시각피질 세포들이 이런 점들에 별다른 반응을 보이지 않거나 아예 반응하지 않는다는 사실을 알게 되었습니다.

그런데 하루는 슬라이드를 삽입했는데 모서리edge 형태의 그림자가 생겼습니다. 그랬더니 이전에는 반응이 없던 세포가 갑자기 폭발적인 반응을 나타냈습니다. 어리둥절한 기분이 들었지만, 모서리의 방향을 바꾸어보았고 빛에 반응하는 영역에서 움직여보았습니다. 그림자의 모서리를 각기 다른 방향으로 움직여본 후에, 우연하게도 처음의 방향에만 유일하게 세포가 폭발적인 반응을 보인다는 것을 확인할 수 있었습니다. 즉, 고양이의 시각피질 세포가 특정한 선 형태의 방향에 선택적으로 반응한다는 사실을 발견한 것은 순전히 우연의 산물입니다. 우리는 즉시 수많은 피질 세포의 실험을 기록했습니다. 그 결과, 모두 선택적으로 반응하지만 어떤 종류의 방향성을 선호하는지는 제각기 다르다는 사실을 알게 되었습니다. 각자 다른 선호도를 지닌 여섯 종류 이상의 세포 그룹으로 나눌 수 있었습니다.

우리는 불과 두 달 만에 이러한 발견을 이루어냈고 곧바로 논문 작성에 착수했습니다. 이 논문은 1959년 봄에《미국 생리학회 저널Journal of Physiology》에 실렸습니다.

— 그런 연구 과정을 거쳐서 시각 인식의 기반이 마련된 거군요! 교수님과 데이비드 허블 교수님은 연구실 밖에서 자유 시간까지 함께 보내지는 않으셨지요. 외식을 하거나 영화를 보러 갈 때는 가족과 시간을 보내셨습니다.

비셀 | 데이비드와 나는 이른 아침부터 늦은 밤, 심지어 다음 날 아침까지 상당히 많은 시간을 함께 보내곤 했습니다. 데이터를 처리해야 할 때도 마찬가지였습니다. 하지만 주말은 주로 각자 가족과 함께 보냈습니다. 나에게 데이비드는 영혼의 형제라기보다는 과학적 형제입니다.

— 이렇게 성공적인 파트너십의 비밀은 무엇인가요?

비셀 | 정확하게 꼭 집어서 말하기는 어렵습니다만, 데이비드는 정말 뛰어난 학자였고 장비를 개발하고 제작하기도 했습니다. 공동 연구가 즐거웠던 것을 보면 우리는 분명히 서로에게 보완적인 역할을 해주었던 것 같습니다.

— 1981년에 노벨 생리의학상을 받으셨을 때 혹시 데이비드 허블 교수님과 뭔가 특별한 방식으로 자축하셨나요?

223

비셀 │ 그러지는 않았습니다. 수상 이전에 노벨상에 관해 이야기 할 때는 항상 '오래 걸릴수록 더 좋다'고 말하곤 했습니다. 해야 할 일이 너무 많아서 방해받고 싶지 않았기 때문입니다.

— 교수님은 노벨상 수상을 알리는 전화를 받은 후에, 사전에 동료와 약속한 대로 테니스를 치러 가셨다고 들었습니다.

비셀 │ 네, 아침 8시에 동료와 테니스를 치기로 했었거든요. 기자 회견이 시작되기 전까지 즐겁게 테니스를 쳤죠.

— 테니스 선수로서 교수님은 어땠습니까?

비셀 │ 나는 항상 나처럼 평범한 실력의 동료들과 함께 테니스를 쳤습니다. 하지만 젊은 시절에는 다양한 스포츠에 관심이 있었고 학교 체육 동아리의 회장을 맡기도 했습니다. 나는 항상 '건강한 신체에 건강한 정신이 깃든다mens sana in corpore sano'고 생각해왔습니다.

— 캔들 교수님은 2000년에 아르비드 칼손Arvid Carlsson, 폴 그린가드Paul Greengard와 함께 노벨 생리의학상을 받으셨습니다. 설마

교수님도 스톡홀름에서 전화가 걸려온 날에 테니스를 치러 가신 것은 아니겠지요?

캔들 | 테니스는 안 쳤습니다. 새벽 5시에 전화가 왔는데 그때는 자고 있었지요. 아내가 나를 쿡 찌르더니 이렇게 말했어요. "여보, 스톡홀름에서 전화가 왔는데 분명히 당신을 찾는 전화예요. 나한테 걸려온 건 아니에요."

— 노벨상을 받지 못한 사람들도 과학사의 일부입니다. 신경과학의 역사에 길이 남을 연구를 했지만 노벨상은 받지 못한 사람으로는 누가 있을까요?

캔들 | 그런 사람들은 정말 많지요. 예를 들어 버넌 마운트캐슬은 상당한 기여를 했지만, 결코 인정을 받지 못했습니다.

— 데이비드 허블 교수님은 노벨 강연에서 버넌 마운트캐슬이 발견해낸 것들을 언급하면서 '라몬 이 카할 이후로 대뇌피질을 이해하는 데 가장 중요한 기여를 했다'[26]고 말씀하셨습니다. 마운트캐슬이 노벨상을 받지 못한 이유는 무엇일까요?

캔들 | 그 이유는 나도 잘 모르겠습니다. 그는 상당히 중요한 기

우리가 알지 못하는 의식의 비밀

여를 했습니다. 어쩌면 마운트캐슬이 기둥 구조를 입증한 증거가 허블과 비셀이 자체 연구를 통해 밝혀낸 증거만큼 강력하지는 않았나 봅니다. 연구에 다소 부족한 점은 있었지만 마운트캐슬은 체성體性 감각계 분석의 중요성을 누구보다도 잘 알고 있었습니다. 그리고 이것이 여러 분야에 적용될 수 있다는 것도 이해했습니다.

— 비셀 교수님, 교수님과 허블은 커리어의 초입에 존스홉킨스에서 마운트캐슬과 긴밀하게 협력하셨지요. 마운트캐슬이 노벨상을 받지 못한 이유가 무엇이라고 생각하시나요?

비셀 | 나도 모릅니다. 하지만 사실 데이비드와 나는 버넌과 긴밀하게 협력하지는 않았습니다. 그는 다른 부서에 연구실이 따로 있었거든요.

— 마운트캐슬과 이 문제에 관해 이야기를 나누었을 때 그의 의견은 어땠나요?

비셀 | 우리는 이 문제에 관해서 이야기한 적이 한 번도 없습니다. 그는 본인이 노벨상을 받지 못한 것에 대해 내심 심기가 불편했을 것 같습니다. 하지만 노벨상 수상이 가장 중요한 것은 아닙니

다. 과학을 연구하는 과정 그 자체가 중요합니다. 그러다가 운이 좋다면, 발견도 하게 되는 것이지요.


— 스웨덴 출신 과학자로서 노벨상을 수상하셔서 더욱 특별한 기분이 드셨나요?

비셀 | 당연히 정말 놀라운 경험이었습니다. 나는 카롤린스카 의대 재학 시절에 노벨 강연을 들었지요. 하지만 인생에서는 균형감을 유지해야 합니다.


— 캔들 교수님, 본인의 인생을 한마디로 요약한다면요?

캔들 | 운이 좋았습니다!


— 정말입니까?

캔들 | 정말 운이 좋았다고 생각합니다. 나치 때문에 쫓겨나서 빈에서 여기로 왔고 지금까지 여러 특권을 누리면서 살아왔습니다. 이보다 더 나은 삶이 또 어디 있겠습니까?

우리가 알지 못하는 의식의 비밀

—   그리고 엄청난 재능, 아닐까요?

캔들 | 그건 잘 모르겠네요. (웃음)

### Chapter 12

# 혼자서는 해낼 수 없다

대니얼 카너먼

Daniel Kahneman

---

폴로니어스: 무엇을 읽고 계십니까, 전하?

햄릿: 말, 말, 말이네.

폴로니어스: 어떤 문제입니까, 전하?

햄릿: 누구의 문제 말인가?

폴로니어스: 지금 읽고 계신 글 말씀입니다, 전하.

햄릿: 중상모략일세.

• 윌리엄 셰익스피어, 〈햄릿〉 •

—  교수님은 지난 50년간 사회과학에서 심리학, 철학에서 경제학에 이르기까지 다양한 분과의 학문에 지대한 영향을 미쳤습니다. 2002년에는 '특히 불확실한 상황에서의 인간의 판단 및 의사결정에 관하여 심리학 연구를 통해 얻은 통찰을 경제학에 적용하고 통합한 공로로'[27] 노벨 경제학상(알프레드 노벨을 기념하는 경제과학 분야의 스웨덴 중앙은행상)을 수상하셨습니다. 한 마디로 요약하자면 사람들이 합리적으로 행동하지 않는다는 사실을 밝혀내셨습니다. 맨 처음부터 교수님은 한 가지 질문으로 심리학 연구를 하는 방식에 매료되었습니다. (어떻게 보면 이상적인 생각이기도 합니다.) 그렇다면 대니얼 카너먼이 어떤 사람인지를 하나의 답변으로 요약해주실 수 있을까요?

언제나 인간의 마음을 궁금해하고 이에 관해 호기심을 가졌던 사람이라고 답변하겠습니다.

—  "어린 시절에 흥미로운 가십을 많이 들었기 때문에 심리학자라는 직업을 택하게 된 것인지, 아니면 가십에 대한 나의 관심이 나중에 심리학자가 될 맹아萌芽에 해당했던 것인지는 아마도 영원히 알 수 없을 것입니다. 다른 유대인처럼 나도 사람들과 말로 가득 찬 세계에서 자라났습니다. 대부분이 사람들에 관한 말이었습니다. 그곳에 자연은 거의 존재하지 않았고, 꽃을 구분하거나 동물을 이해하는 법은 배운 적이 없었습니다. 하지만

혼자서는 해낼 수 없다

어머니가 친구분들, 그리고 아버지와 이야기를 나눌 때 거론되던 사람들은 정말 다양하고 복잡해서 나의 흥미를 끌었습니다. 어떤 사람들은 다른 사람들보다 더 나았지만 가장 훌륭한 사람들도 결코 완벽하지는 않았고, 그 누구도 완전히 나쁜 사람은 아니었습니다. 어머니의 이야기에는 대개 아이러니가 포함되어 있었고 두 가지 이상의 측면이 있었습니다."[28] 말과 사람들, 그리고 사람들에 대한 말. 교수님이 노벨 전기Nobel biography(노벨상 수상자가 본인의 성장 과정, 연구 활동 및 업적 등을 소개하기 위해 작성한 자서전 성격의 글을 가리킨다—옮긴이)에 적으신 것처럼 말입니다. 혹시 정신분석 분야의 커리어를 고려해보신 적은 없으신가요?

전혀 없습니다.

— 그 이유는 무엇인가요?

정신분석은 완전히 다른 분야이고, 나는 과학자가 되고 싶었습니다. 학창 시절에도 지금도 마찬가지지만 정신분석은 과학적인 학문으로 여겨지지 않았습니다. 그건 내가 하고 싶은 게 아니었어요. 임상심리학자가 되고 싶지도 않았습니다. 내가 심리학에 발을 들여놓은 이유는 개개인을 돕기 위해서가 아니었습니다. 물론 프로이트의 저서는 어느 정도 읽어보았고 저명한 정신분석가와 한동안 시간을 보낸 적도 있지만, 정신분석에 마음이 끌렸던 적은 없었습니다.

— 교수님은 트위터 팔로워가 한 명도 없지만 리더이고, 링크드인 인증 배지가 없지만 인플루언서이고, 페이스북 계정이 없지만 작가로서 큰 성공을 거두셨습니다. 소셜 네트워크에 대해서 어떻게 생각하십니까? '말과 사람들'이 아니라 '디지털'로 이루어진 세상과는 어떤 관계를 맺고 계신가요?

소셜 네트워크가 생겨났을 때 활발하게 참여하기엔 이미 내 나이가 너무 많았습니다. 그다지 관심을 못 느꼈어요. 나와 비슷한 세대의 사람들이 소셜 미디어에서 활발하게 활동하는 경우는 드문 것 같습니다. 그러니 나만 유별난 것은 아닙니다. 이메일은 잘 사용하고 있습니다. 아직 내가 새로운 기술을 받아들이고 적응할 수 있는 나이였을 때 이메일이 처음 나왔기 때문입니다. 하지만 페이스북이 등장했을 때는 이미 나이가 많이 들었을 때였지요.

— 그러면 소셜 미디어 사용하는 법을 배우고 싶은 생각은 없으신가요?

없습니다. 소셜 미디어는 사람들과 교류하는 다른 방식입니다. 모든 사람과 이런저런 것들을 공유한다는 것은 일종의 '피상적인 개방성'이라고 할 수 있습니다. 엄밀히 말하자면 모든 사람은 아니고 다수의 사람을 말하는 것입니다. 나는 그렇게 자란 사람이 아니기 때문에 이제 와서 시작한다면 정말 이상한 기분이 들 것 같습니다. 소셜 미디어에 반감이 있는 것이 아니라 그저 관심을 별로 못 느낄 뿐입니다.

— 비범한 과학적 지성의 소유자이신 교수님은 탈진실post-truth 시대와 가짜 뉴스에 대해 어떤 견해를 갖고 계십니까?

어떻게 보면 별로 놀라운 일은 아닙니다. 내 생각에 사람들은 진실에 별로 관심이 없습니다. 자신에게 친숙한 것과 편안하게 받아들일 수 있는 생각에 관심이 있습니다. 우리는 어떤 것을 믿을 때 그것을 안다고 생각하며, 새로운 대안을 떠올리지 못합니다. 지식이 그런 방식으로 정의될 때 우리는 진실이 아닌 많은 것들을 알고 있습니다. 그리고 우리가 아는 것 중 대다수가 진실이 아닙니다. 증거가 있어서 믿는 것이 아닙니다. 그런 말을 한 사람들을 믿기 때문에 그 말을 믿는 것입니다. 가짜 뉴스는 단지 이런 현상이 극단적으로 나타난 경우라고 할 수 있습니다. 새로운 현상은 아닙니다.

― 믿음에 대해서 계속 이야기해보겠습니다. 교수님은 열 살 때 '내가 생각한 바를 글로 쓰다'라는 제목이 적힌 공책에 여러 에세이를 적으셨습니다. 첫 번째 에세이의 주제는 믿음이었는데, '믿음이란 마음이 인지할 수 있는 형태의 신이다'라는 파스칼의 생각을 뒷받침하는 내용이었습니다. 그 공책을 지금도 가지고 계신가요? 그리고 지금도 그렇게 믿으시나요?

성인이 되고 나서는 그 공책을 잃어버렸습니다. 내가 그 에세이를 썼을 때는 아마도 신을 믿었던 것 같네요. 그런데 지금은 신을 믿지 않게 된 지 한참 되었습니다.


― 파스칼은 합리적인 사람이라면 마치 신이 존재하는 것처럼 살아야 하며 신에 대한 믿음을 추구해야 한다고 주장했습니다. 만약 신이 정말로 존재한다면 그런 사람은 약간의 쾌락, 사치 등유한한 손실만 입을 것입니다. 반면에 천국에서의 영원한 삶으로 대변되는 무한한 이득을 얻고 지옥에서의 영원한 고통이라는 무한한 손실을 피할 수 있습니다. 이 문제에 대해서 현재 교수님은 어떤 견해를 갖고 계십니까?

신을 믿어야 하고 완전한 행복 등의 개념을 어느 정도 믿을 필요가 있다고 생각합니다. 아마도 요즘에는 파스칼의 내기를 진지하게 받아들이는 사람은 없을 것 같습니다. 나는 내가 죽은 이후의 삶을 기대하지 않습니다.

— 교수님은 세계에 대한 인간의 판단을 왜곡하는 무의식적인 추론 오류, 즉 인지 편향cognitive bias에 관한 연구로 널리 알려져 있습니다. 의사결정 과정과 인지 편향에 대한 연구가 교수님이 의사결정에서 실수를 줄이는 데 도움이 되었습니까?

그런 것 같지는 않습니다. 어떤 결정을 내리는 도중에 내가 알고 있는 전문 지식이 가끔 떠오를 때도 있습니다. 매우 드문 경우이기는 하지만 그럴 때는 도움이 되었습니다. 하지만 대개는 예전과 마찬가지로 똑같은 편향의 영향을 받습니다. 다른 사람들의 실수는 비교적 잘 알아보지만 정작 나 자신의 실수는 놓치곤 합니다.

— 교수님이 '피해자로서' 가장 흔히 겪는 인지 착각은 어떤 것들입니까?

내가 쓰는 말로는 '비非회귀 예측'인데요, 극단적인 예측을 하고 과격한 표현을 사용합니다. 또한 자신감이 과도합니다. 내 의견에 대해 상당한 자신감을 보이다가 견해를 바꾸기도 합니다. 나도 인지 편향에서 자유롭지는 않습니다.

—    자신감은 나이가 들어갈수록 더욱 커졌나요? 아니면 줄어들었
     나요?

그렇게 많이 변한 것 같지는 않습니다. 젊은 시절에는 지나치게
자신감이 넘쳤는데 사실 지금도 마찬가지인 것 같습니다.


—    모든 사람이 우리의 일상생활에 영향을 미치는 인지 착각에 대
     해 알아야 하고 그 이름을 정확히 파악할 수 있어야 한다는 것
     이 교수님의 견해입니다. 정말 이렇게 간단한 방법으로 우리가
     인지 착각을 더욱 잘 인식하고, 인지 착각이 우리의 삶에 미치
     는 현혹적인 영향을 완화할 수 있을까요? 그렇게 간단한 방법
     이 그토록 엄청난 효과를 낼 수 있을까요?

확신 편향confidence bias을 안다고 해서 그것이 우리의 사고에 미
치는 영향을 줄일 수 있다고는 생각하지 않습니다. 내가 저서에
서 언급한 것은 우리가 다른 사람들에 대해 이야기하고 가십을
주고받는 방식이 우리가 아는 심리학과 심리학의 언어에 영향을
받을 수 있다는 점입니다.
     만약 조금 더 심리학에 기반을 둔 가십이 있다면 사람들의
행동이 달라질 수 있습니다. 우리는 다른 사람의 가십을 예상하
기 때문입니다. 만약 우리가 영리한 가십을 예상한다면 영리하지
못한 가십을 예상할 때보다 더욱 긍정적으로 행동할 것입니다.

확신 편향을 알고 있다 하더라도 상황이 더 나아지는 것은 아닙니다.

—　교수님에게 글쓰기란 결과는 보람 있지만 과정은 고통스러운 활동인 것 같네요. 교수님이 2011년에 출간하신 《생각에 관한 생각Thinking, Fast and Slow》은 베스트셀러가 되었습니다. 그런데 교수님은 이 책을 집필하다가 몇 번 중단하셨고, 아무도 이 책을 사지 않을 거라고 믿어 의심치 않으셨습니다. 잘못된 예측이었죠. 그때 교수님의 지나친 자신감은 어디로 갔던 걸까요?

나는 내가 믿는 바를 과도하게 확신하는데, 그 책이 잘 안될 거라는 믿음에 대한 확신이 과도했습니다. 그 믿음에 대해 완전히 확신했습니다. 자신감이 과도하면서도 동시에 의구심을 가질 수 있습니다. 이 두 가지는 서로 모순되지 않습니다. 자신감이 지나치다고 해서 반드시 자기 자신을 믿는다는 의미는 아닙니다. 세계에 대해서 자신이 믿는 바가 무엇이든 간에 그 믿음이 과도하다는 뜻입니다. 글을 쓸 때면 항상 이것보다 더 잘 쓸 수 있다는 생각이 듭니다. 내가 할 수 있는 한 가장 훌륭한 글을 쓰지 못하고 있다는 기분이 듭니다. 나는 일반인들과 동료 학자들이라는 두 부류의 독자층을 대상으로 글을 썼습니다. 두 집단을 모두 만족시키는 글을 쓰는 일은 무척 어려웠습니다.

— 그 책을 집필하지 않거나 원고를 출판하지 않으려고 생각하셨던 이유는 무엇이었습니까?

특히 동료 학자들이 그 책에 실망할 것 같았기 때문입니다. 그런데 내 생각이 틀렸더군요. 나중에 보니 그 책이 과학계에도 상당한 영향을 미쳤으니까요. 하지만 당시에는 그런 기대를 전혀 하지 않았습니다.

— 행복의 과학은 저서에서 다루시기도 했고 최근에 주로 연구하고 계신 분야이기도 합니다. 향후 수십 년 동안 행복의 인식과 측정은 어떻게 변화하게 될까요?

다양한 생리학적 데이터 및 뇌 활동 데이터 등 데이터가 지속적으로 수집되는 시대로 접어들고 있다는 사실은 분명합니다. 활용 가능한 데이터가 풍부해지면 측정 기법도 더욱 폭넓어질 거라고 생각합니다. 이제 시작 단계이긴 하지만 앞으로 이런 일들이 일어나리라는 사실은 이미 알 수 있습니다.

— 교수님은 아내이신 앤 트라이즈먼Anne Treisman과 협력해서 과학 연구를 진행하셨고, 시각 주의력 및 물체 인식에 관한 논문을 작성하셨습니다. 아내분과 함께 하는 연구가 특별했나요?

아닙니다. 상당히 어려운 과정이었습니다. 부부 사이에 전문 분야의 의견이 불일치하면 동료와 의견이 다를 때보다 더욱 힘든 부분이 있습니다. 함께 즐겁게 연구할 때도 있었지만 결코 간단한 과정은 아니었습니다. 우리가 발표한 주요 논문만 하더라도 각자의 의견이 일치하지는 않았기 때문입니다. 결론에 도달하는 데 오랜 시간이 걸렸습니다.

— 교수님의 연구와 삶을 이야기할 때 아모스 트버스키Amos Tversky를 빼놓을 수는 없겠지요. 카너먼과 트버스키는 왓슨과 크릭, 허블과 비셀과 더불어 가장 유명한 과학 듀오입니다. 아모스는 교수님이 노벨상을 수상하기 6년 전에 세상을 떠났는데요, 만약 살아 계셨다면 그분도 노벨상을 받았을 겁니다. 아모스와의 파트너십은 어땠나요? 두 분의 공동 연구와 그처럼 공동 연구가 가능했던 핵심 요인들에 대해 알고 싶습니다.

핵심 요인이라면 함께하는 시간이 서로에게 즐거웠다는 것을 들수 있겠네요. 둘 다 상대방이 흥미롭고 재미있는 사람이라고 생각했기 때문에 기꺼이 많은 시간을 함께 보냈습니다. 그게 정말 중요한 요인이었죠. 스스로 즐기면서 일할 때는 완벽주의자가 될 수 있습니다. 그 어떤 것에도 지치지 않기 때문입니다. 우리에게 일은 즐거움이었고 기쁨이었습니다. 그게 한 가지 요인이었습니다.

내 경우에는 스스로가 진정으로 어떤 생각을 하는지를 이해하기까지 오랜 시간이 걸렸습니다. 과학자들이라면 대부분 그런 경험이 있을 겁니다. 완전히 명확하게 생각을 정리하고 연구를 풀어나가는 데 수개월 또는 수년이 걸리기도 합니다. 일례로 내 아내는 1975년에 어떤 이론을 발표했는데, 자신이 훨씬 전부터 그 이론에 대한 아이디어를 떠올렸다는 사실을 다른 사람에게서 전해 들었습니다. 그 말을 듣고 아내는 깜짝 놀랐습니다. 1975년에 발표한 이론의 주된 아이디어가 1969년에 발표한 논문에 들어 있었는데, 본인이 그런 생각을 했었다는 걸 깨닫지 못했던 겁니다. 아모스 트버스키와의 공동 연구에 대해서 다시 말씀드리자면, 내가 어떤 아이디어를 떠올리면 그가 곧바로 이해하곤 했습니다. 조금 더 명확하게 생각을 정리하느라 한참이나 시간이 지체되는 상황이 벌어지지 않았습니다. 아모스는 평소엔 상당히 비판적인데 나와 같이 있을 때는 그런 모습을 보이지 않았습니다. 내가 어떤 것에 대해 말을 꺼내면 그는 내 이야기에서 흥미로운 점을 찾아보려고 애썼습니다. 그런 점이 유익했고 정말 기쁘기도 했습니다. 우리는 아이디어를 발전시키는 데 시간을 투자했습니다. 정말 즐거웠을 뿐만 아니라 상당히 생산적인 과정이기도 했습니다. 내 아이디어에 대해서 그와 함께 이야기를 나누다 보면 생각이 더욱 명확해졌습니다. 아모스 덕분에 내 생각을 훨씬 더 발전시킬 수 있었습니다.

— 《생각에 관한 생각》에는 이런 대목이 있습니다. "함께 연구하는 과정이 정말 즐거웠기 때문에 우리는 놀라운 끈기를 발휘할 수 있었다. 지루함을 전혀 느끼지 않으면 완벽함을 추구하기가 훨씬 수월해진다." 혼자 연구하는 과학자보다 두 사람이 팀을 이루어서 함께 연구할 때 완벽함을 추구하기가 더욱 수월한가요?

그야 물론이지요! '지루함을 전혀 느끼지 않는다'고 말한 이유는 우리가 그냥 수다를 떨거나 농담을 하다가 그날의 일정에 대해 의견을 나누거나 일을 하곤 했기 때문입니다. 하루 내내 대화가 계속 이어지는 것이지요. 우리는 둘 다 말하는 걸 좋아했고 매일 몇 시간씩 그저 함께 이야기를 나누면서 지냈습니다. 그래서 지루함이 훨씬 덜했습니다. 나는 글쓰기를 좋아하지 않아서 애써 노력해야만 글을 쓸 수 있습니다. 무척 느리게 진행되긴 했지만, 아모스와는 그 과정이 언제나 흥미로웠고 즐거웠습니다.


— 공동 연구를 통해서 두 분이 완벽함의 정점에 올랐다고 생각하시나요?

공동 연구를 한 덕분에 각자 연구하는 것보다는 훨씬 더 많은 성과를 냈습니다. 그건 분명한 사실입니다.

— 글쓰기와 관련해서 두 분은 하루에 한두 문장이라도 써내면 생산적인 활동을 했다고 여기셨습니다. 시간이 흐를수록 서로의 마음을 더욱 잘 이해하게 되었습니다. 이러한 상호 이해 덕분에 시간이 흐름에 따라 느린 속도가 점차 빨라지고 자동화되었나요? 아니면 두 분 사이에, 그리고 두 분의 연구 대상인 세계와 끝없는 양방향의 발견이 이루어졌나요?

시간이 흐르면서 우리가 글을 작성하는 방식이 그리 많이 바뀌지는 않았던 것 같습니다. 우리가 물리적으로 함께 지냈던 1979년까지는 동일한 방식으로 연구를 진행했습니다. 상대방의 마음을 속속들이 알고 있었지만, 서로에게 꾸준히 놀라움을 선사하기도 했습니다.

— 두 분은 수년간 거의 매일 오후에 만나서 함께 시간을 보내셨습니다. 두 사람의 생각이 하나의 아이디어로 합쳐지는 모습이 거의 눈에 보일 정도였지요. 첫 번째 논문의 저자권authorship 순서를 동전 던지기로 결정하셨다는 일화가 사실인가요?

네, 그렇습니다. 그다음부터는 번갈아서 논문의 저자권을 가져갔지요. 약 10~11년 동안 실제로 그렇게 했습니다.

혼자서는 해낼 수 없다

— 두 분이 공동으로 작성한 논문이 단일 저자로 발표한 경우에 비해 더 많이 인용되었다는 것을 교수님이 통계적으로 수량화하셨다는 소문도 사실인가요?

여기에는 이론의 여지가 없습니다. 우리가 함께 발전시킨 아이디어들에 대해 내가 집필하고 아모스에게 헌정한 책과 더불어, 우리가 함께 작성한 논문이 가장 빈번하게 인용되었습니다. 내가 발표한 논문 상위 20편 중에서 아마도 14편이 아모스와 함께 작성한 논문일 것입니다. 그의 논문 역시 마찬가지고요. 우리의 공동 연구가 최상의 결과를 이끌어냈다는 점만은 확실합니다.

— 지금까지 두 분의 공동 연구에 관해서 주로 이야기를 나누었는데요, 그러면 소위 '야심 차고 깐깐한 대학원생의 망령'[29]은 어떤 역할을 담당했나요?

우리는 1975년에 이론을 수립했고 수년간 그 이론의 결점과 약점을 계속 확인하는 과정을 거쳤습니다. 결점을 찾는 데 혈안이 된 대학원생을 상상하면서 즐거워했죠. 그런 사람을 찾아낸다면 골탕을 먹여주고 싶었습니다. 둘이서 그런 농담을 하곤 했지요. 만약 혹시라도 우리의 연구가 중요해지고 유명해진다면 사람들은 분명 그 연구의 결점을 찾아내서 망쳐버리려는 악의를 품고 논문을 읽을 테니까요. 우리는 수년간 그런 방식으로 연구를 수행했습니다. 매우 비판적인 시각으로 검토했죠.


— **아모스와의 협력 관계가 끝나게 된 주된 이유는 무엇이었나요?**


주된 이유는 물리적으로 떨어져 있게 된 것입니다. 그래서 모든 게 훨씬 더 어려워졌죠. 그때까지만 해도 우리에게는 다른 협력 자들이 없었습니다. 우리가 공동 연구를 진행하던 기간 동안 다른 사람들과는 전혀 협력 연구를 하지 않았죠. 하지만 우리가 물리적으로 떨어지게 된 이후에는 다른 사람들과 협력할 수밖에 없었습니다. 아모스는 제자들과 함께 연구하기도 했죠. 이처럼 물리적 거리가 첫 번째 이유였습니다. 그리고 마이클 루이스의 《생각에 관한 생각 프로젝트The Undoing Project》에도 나와 있듯 이, 우리의 공동 연구에 대해서 대부분 아모스가 인정을 받았다 는 것이 또 다른 이유였습니다. 그로 인해 우리 둘 사이에 문제가 발생했습니다.


— **어떤 의미인지 조금 더 구체적으로 말씀해주시겠습니까?**


당연히 나는 그런 상황이 불만스러웠습니다. 아모스가 상황을 바로잡기 위해 노력해야 한다고 생각했죠. 당시에는 미처 깨닫 지 못했지만, 지금 생각하면 우리 둘 다 알고 있었던 것 같습니

혼자서는 해낼 수 없다

다. 만약 우리가 각자 혼자서 연구했다면 이렇게 공동 연구로 함께 이뤄낸 성과는 얻지 못했으리라는 사실을요. '있잖아요, 그저 단순히 누군가와 협력한 게 아니라 나 혼자서는 해낼 수 없었기 때문에 협력해야만 했어요.' 사람들 앞에서 이렇게 말한다는 건 거의 불가능할 듯합니다. 누구라도 그런 말을 하기는 어려울 테고 결국 그런 일은 일어나지 않았죠. 그래서 마찰이 발생했습니다. 또한 아모스가 대부분의 공로를 인정받은 상황에서, 그에게는 내가 연구에 필수적인 역할을 담당했다는 사실을 깨닫는 게 괴로웠던 것 같습니다. 양쪽 모두 어려움을 겪게 되었죠.

— 마이클 루이스의 책 《생각에 관한 생각 프로젝트》는 교수님과 아모스의 파트너십과 우정을 다루었습니다. 루이스의 작품 중에서 《머니볼》, 《블라인드 사이드》, 《빅 숏》 등은 영화화되기도 했습니다. 제 생각에는 언젠가 교수님의 인생과 두 분의 관계에 관한 영화도 나올 것 같은데요. 커다란 스크린에서 어떤 배우가 대니얼 카너먼 역을 연기하는 모습을 보고 싶으신가요?

(웃음) 진짜로 잘 모르겠습니다. 그리고 내 이야기가 영화화되기를 기대하지도 않습니다. 그런 일이 실제로 일어날 가능성도 있긴 하지만, 역시 잘 모르겠습니다. 배우들을 잘 모르기도 하고요. 뭐라고 말씀드려야 할지 모르겠네요.

### Chapter 13

# 호기심이 이끄는 과학

엘리자베스 블랙번, 해밀턴 스미스

Elizabeth H. Blackburn, Hamilton O. Smith

---

만약 당신이 올바른 길을 가고 있다는 사실을 알고 있다면,
마음 깊이 그걸 알고 있다면,
그 누구도 당신을 다른 길로 벗어나게 할 수 없으리……
그들이 뭐라고 말하건 간에.

• 바버라 매클린톡 •

— 인간의 DNA는 인체 세포 안의 염색체 46개에 가득 들어 있습니다. 각 염색체의 말단에는 텔로미어가 있습니다. 염색체가 운동화 끈이라면 텔로미어는 운동화 끈의 끝부분에 달려 있는 플라스틱 보호 캡에 해당합니다. 세포분열은 생명에 필수적이며 우리 몸에서는 계속해서 세포분열이 일어납니다. 그러나 세포분열이 거듭될수록 텔로미어는 점차 짧아지고 세포는 점점 노화됩니다. 대신에 텔로머레이스라는 효소가 텔로미어를 '재건해서' 염색체 보호 기능이 회복되고 세포 노화가 지연됩니다. 텔로미어와 텔로머레이스는 정교한 균형 관계를 이루고 있습니다. 교수님은 '텔로미어와 텔로머레이스 효소가 염색체를 어떻게 보호하는지'[30]를 발견한 공로로 2009년에 노벨상을 수상하셨습니다. 유감스럽게도 때로는 텔로머레이스의 기능이 손상되고 텔로미어의 유지에 결함이 발생하기도 합니다. 엘리자베스 블랙번 교수님, 텔로머레이스의 기능에 악영향을 끼치는 요인과 유익한 요인으로는 어떤 것들이 있습니까?

만성적인 스트레스는 텔로미어가 점점 짧아지고 텔로머레이스의 기능이 약화되는 것과 연관이 있습니다. 그런데 스트레스 그 자체만이 아니라, 스트레스를 어떤 방식으로 인식하고 그것에 어떻게 대처하는지 또한 강력한 영향을 미칩니다. 운동, 충분한 수면, 건강한 식생활, 명상, 긍정적인 생각, 사회적 지지 등 유익한 방법으로 스트레스에 대처한다면 텔로미어를 보호하는 데도 도움이 됩니다.

— 텔로미어 유지 메커니즘이 손상된 것으로 밝혀진 질병에는 어떤 것들이 있습니까? 텔로미어를 잘 유지할 수 있도록 텔로머레이스의 평소 기능을 회복시키기 위해 교수님은 어떤 방식으로 개입하실 계획인가요?

텔로미어 유지 메커니즘의 손상은 노화 및 노화와 관련된 질병들과 연관이 있습니다. 심혈관계 질환, 당뇨병, 대사증후군, 여러 종류의 암 등입니다. 그러나 이런 질병을 치료하는 것은 텔로머레이스의 기능을 회복시키는 것만큼 간단한 문제가 아닙니다. 예를 들어 텔로머레이스가 지나치게 많으면 특정한 종류의 암에 걸릴 위험을 부추깁니다. 연구 결과에 따르면 악성 암세포에서 텔로머레이스의 기능은 정상 세포에서보다 열 배에서 수백 배까지 높아집니다. 만약 텔로머레이스의 기능을 끄고 암세포만을 표적으로 하는 방법을 알아낸다면 향후 암 치료에 상당히 효과적인 무기가 될 것입니다. 그러나 역설적이게도 어떤 암은 사용 가능한 텔로머레이스가 너무 적어서 텔로미어가 짧아지는 경우에 발생 위험이 높아지기도 합니다. 백혈병을 비롯한 혈액암, 흑색종을 제외한 피부암, 그리고 췌장암 등 일부 위장관 암이 이에 해당합니다.

텔로머레이스의 활동에는 섬세한 균형과 조절이 필요하며, 과학자들은 이 효소를 조절하는 분자스위치에 관해 깊이 있는 연구를 진행하고 있습니다. 더 많은 지식을 얻게 되면 언젠가는 노화 세포에서 텔로머레이스의 활동을 촉진하거나 암세포에서의 활동을 억제할 수 있을 것입니다. 그런 날이 오기 전까지는 운동, 충분한 수면, 건강한 식단을 비롯해 앞서 언급한 여러 생활 습관 요인들을 잘 챙기는 것이 여전히 최선의 방책입니다.

— 텔로미어 생물학과 암 연구 및 줄기세포 연구는 어떤 관계가 있습니까?

암세포와 발달 중인 줄기세포는 둘 다 수많은 세포분열을 거치는데, 여기서 텔로미어가 매우 중요한 역할을 담당합니다. 과학자들이 텔로미어와 텔로머레이스의 생물학적 기전에 관해 더 많은 것을 밝혀내면서 암과 노화, 줄기세포 치료와의 연관성이 드러나고 있습니다. 이러한 연관성을 깊이 이해하게 된다면 궁극적으로 더욱 건강한 삶을 위한 새로운 중재 요법을 발견할 수 있을 것입니다.

— 노벨상 공동 수상자인 대학원생 캐럴 그라이더Carol Greider와 교수님은 1984년 크리스마스에 텔로머레이스를 발견했습니다. 아직도 그날의 흥분을 기억하시나요? 어떤 기분이었나요?

지금도 기억이 생생합니다. 6~7개월간 이 프로젝트에 매달려왔는데 우리가 올바른 방향으로 나아가고 있다는 증거조차 찾을 수 없는 상황이었습니다. 그런데 캐럴이 연구실에 들어와서 이렇게 멋진 크리스마스 선물을 발견해냈습니다. 그다음 날에 우리는 자가방사 기록사진autoradiogram으로 젤을 보았는데, 규칙적인 간격의 띠 형태를 확인할 수 있었습니다. 그 모습이 호랑이 꼬리의 무늬를 닮았다고 생각했던 기억이 납니다. 우리가 드디어 해냈다는 직감이 들었습니다. 텔로머레이스라는 새로운 효소의 증거를 찾아낸 것입니다.

캐럴과 내가 서로를 바라보았을 때, 나는 우리가 똑같은 생각을 했다는 걸 알 수 있었습니다. 이것이 실로 엄청난 발견이라는 생각 말입니다. 하지만 훌륭한 과학자라면 회의적인 시각으로 검토하고 그게 자기가 생각하는 것이 아닐 수밖에 없는 이유에 대해 가설을 세우기 시작합니다. 그다음에 6개월에 걸쳐서 실험을 더 하고 난 후에야 우리는 우리가 발견해낸 것을 진짜로 믿을 수 있었습니다.

— 부군이신 존 세다트John Sedat도 과학자이며 교수님과 함께 협력 연구를 진행하고 계십니다. 교수님의 노벨 전기를 읽어보면 결혼하신 뒤 1975년에 UC 샌프란시스코에서 부군이 재직 중이던 예일 대학교로 옮겨 박사후 연구 과정을 밟으셨습니다. 사랑을 위해서라고 하셨지요. 그리고 3년 후에는 두 분이 함께 캘리포니아로 가셨습니다. 많은 연구자 커플이 같은 대학이나 근처에 있는 대학에서 교수직 두 자리를 얻는 데 어려움을 겪습니다.

전 세계적으로 연구자 커플을 위한 지원 방안이 마련되어 있는 대학이 있는지 혹시 알고 계신가요? 부부 과학자의 가족을 지원하기 위해서는 어떤 방안이 필요할까요?

미국에 있는 상당수의 대학들은 이미 부부 동반 채용을 운영 방침에 반영하고 있습니다. 건전하고 현명한 투자이기 때문입니다. 아마도 미국의 학자 중 35~40퍼센트는 다른 학자와 결혼했을 겁니다. 이들이 같은 대학이나 연구기관에서 근무하면 교수진 전체가 다채롭고 풍부해지는 효과가 있습니다. 흔히 쓰이는 '2인 문제two-body problem'라는 표현 대신에 나는 '2인 보너스two-body bonus'라고 생각합니다.

— 위에서 언급한 문제와 관련해서, 교수님은 대학과 사회가 자녀가 있는 연구자들에게 충분한 지원을 제공하고 있다고 생각하시나요?

단지 대학과 연구기관뿐만 아니라 미국 사회 전체가 커리어와 자녀 양육 간의 균형 문제를 해결하기 위해 노력할 필요가 있습니다. 자녀 양육을 가치 있게 여기고 이와 관련된 지원과 편의를 제공하는 여러 유럽 국가들에 비하면 미국은 뒤처져 있습니다.

과학 연구 분야는 근무 시간이 길고 불규칙합니다. 연구자들은 현재 진행 중인 실험에 좌지우지되며 한밤중과 주말에도 연구실에서 지내야 합니다. 부모가 둘 다 과학자인 경우에는 업무 강도가 더욱 높아집니다. 자녀가 근처에 있고 양질의 돌봄을 받고 있다는 사실을 부모가 안다면 연구에 더욱 집중할 수 있지 않을까요? 과학이 미래를 바라보는 학문이라면 태도와 우선순위에 변화를 도입해야 합니다.

— 이제 학계와 교육, 연구와 관련된 다른 핵심 이슈들에 대해 이야기를 나누어보겠습니다. 교육비가 지속적으로 증가하는 상황에 대해서 교수님은 어떤 견해를 갖고 계십니까? 이러한 상황은 이후에 어떤 결과를 초래할까요?

똑똑하고 재능이 있지만 자신에게 필요한 고등 교육을 받을 만한 경제력이 없는 사람들이 아마도 세계 각국에 상당히 많으리라 생각합니다. 어쩌면 이런 사람들은 사회에서 재능을 발휘할 기회를 평생 얻지 못할 수도 있습니다. 그렇게 된다면 모두에게 손해입니다. 교육은 부유층의 특권이 되어서는 안 됩니다. 누구든지 본인이 원한다면 양질의 교육을 받을 수 있도록 사회제도의 변화가 꼭 필요합니다.

— 언젠가는 온라인 강의가 대면 강의를 대체하게 될까요? 교수 및 잠재적 멘토와 직접적인 접촉이 없는 것이 얼마나 심각하고

**부정적인 영향을 미칠까요?**

온라인 강의는 교수와 학생들 간의 집중적인 지도 및 심도 있는 토론을 결코 대체할 수 없다고 생각합니다. 온라인 강의가 교과서처럼 정보를 제공할 수는 있겠지만, 진정한 배움은 탐구심이 넘치고 도전적인 담화를 통해서 얻을 수 있습니다. 여기서 동료 학생의 관찰과 교수의 날카로운 지적이 중요한 역할을 담당합니다. 과학 분야에서는 지성인들이 모여 활발하게 논의하는 과정에서 가장 혁신적인 생각이 탄생합니다. 그리고 멘토와 학생 간의 일대일 관계도 매우 중요합니다. 훌륭한 멘토는 경험에서 우러난 폭넓은 시각을 공유하며 학생의 특성에 맞게 개별적으로 지도합니다. 이러한 과정을 통해 학생이 본인의 생각을 세부적으로 다듬고 연구에서 집중해야 할 부분을 파악할 수 있습니다. 아울러 훌륭한 멘토는 적절한 격려와 칭찬으로 학생의 자신감을 높여줍니다. 온라인 강의로는 이런 멘토링을 제공할 수 없습니다. 그러나 대안이 없는 사람들에게는 온라인 강의가 중요한 역할을 할 수도 있습니다. 다른 형태의 교육에 접근할 기회를 누릴 수 없는 상황이라면 말입니다.

─ 노벨상 수상자인 프레더릭 생어가 교수님을 지도하셨고, 교수님은 앞에서 언급한 노벨상 수상자인 캐럴 그라이더를 지도하셨습니다. 특별한 조합의 인연이라고 할 수 있겠습니다. 관련

자료에 따르면 박사과정생 세 명 중에서 거의 한 명만 박사후연구원 자리를 구하는 데 성공합니다. 그리고 전임 교수직에 임용되는 비율은 훨씬 더 적습니다.[31] 우리는 이러한 상황에 어떻게 대처해야 할까요? 이와 관련해서 몇 가지 아이디어를 말해보겠습니다. 박사과정에 대한 접근이 제한되어야 할까요? 정년 트랙 교수직을 늘려야 할까요? 아니면 산학 연계를 강화해서 연구자들이 학계에 남지 않더라도 다른 분야에서 일할 수 있도록 관련 계획을 마련해야 할까요?

나는 수년간 젊은 과학자들 수백 명을 가르치고 지도해왔기 때문에 그들의 진로와 관련된 전망에 진심으로 마음이 쓰입니다. 젊은 과학자들은 곧 과학의 미래입니다. 다행스러운 것은 생물학 연구의 발전을 위해 협력하는 기관들이 늘어나면서 채용 기회가 확대되고 있다는 점입니다. 그중에는 학계의 일자리도 있고 학문 연구 못지않게 중요한 연구실 관리, 사업 개발, 과학 정책 및 커뮤니케이션 등 연구를 촉진하고 지원하는 부문의 일자리도 있습니다. 이렇게 다양한 선택지를 통해서 상당히 만족스러운 커리어를 쌓아나가는 박사과정생들도 있습니다. 미국 국립보건원은 대학원생 및 박사후과정 학생들이 학문 연구 이외의 과학 분야를 접할 수 있도록 과학 훈련경험 확대BEST, Broadening Experiences in Scientific Training 프로그램을 도입했습니다. 과학에 대한 본인의 열정을 엄정하게 살펴보고 선택 가능한 방안들에 대해서 알아본다면 올바른 선택을 할 수 있을 것입니다.

—　앞서 언급하신 사항들과 관련하여 취업 시장에서 박사학위 취득자가 '쓸 만한 인재'로 인정받으려면 박사과정 경험의 어떤 측면에 변화가 필요하다고 생각하시나요?

과학자들은 비판적인 사고방식을 지닌 사람들입니다. 우리는 사실을 검토하고 사실에 기반해서 결정을 내리는 능력이 뛰어납니다. 연구실 안팎에서 생물학 분야의 환경이 변화하고 있으므로, 박사과정생들에게 이런 변화를 잘 파악하도록 독려하고 있습니다. 본인이 선택할 수 있는 길에 대해 알아보고 직접 참여해보라고 조언합니다. 예를 들어 박사후 자원봉사자 네트워크로 시작한 연구의 미래Future of Research는 이제 어엿한 비영리단체로 성장했습니다. 이 단체는 과학자가 되려는 사람들에게 정보를 제공하고 과학 정책에 변화를 이끌어내는 활동을 하고 있습니다. 바람직한 출발이라고 할 수 있지요.

—　교수님은 2002년 대통령 생명윤리 위원회President's Council on Bioethics의 위원으로 임명되었습니다. 노벨 전기[32]에서도 언급하셨듯이, 교수님은 위원회의 권고 사항이나 백악관의 견해와는 조금 다른 의견을 견지하고 있다는 사실을 공개적으로 밝혔습니다. 2004년에 백악관의 조지 W. 부시 대통령 인사 관리실은 교수님께 해임을 통보했지요. 위원회에서 해임된 사건은 교수님께 어떤 의미로 다가왔나요? 그 일이 교수님의 생각과 행

동에 어떤 영향을 미쳤을까요?

위원회에서의 활동 및 이후의 해임으로 나의 사고방식이나 행동 양식이 변화한 부분은 전혀 없습니다. 나는 과학자로서 타당한 과학적 사실을 옹호했고 그런 태도는 지금도 마찬가지입니다. 오히려 그 사건이 전 세계적으로 상당한 화제가 되어서 다소 놀랐습니다. 그리고 과학자들뿐 아니라 훨씬 더 폭넓은 층의 사람들이 나를 지지하고 응원해주어서 기뻤습니다. 나중에 어느 시상식에서 권위 있는 상을 받은 동료가 나에게 "상징적인 인물이 되면 어떤 기분이 드나요?"라고 물었을 때에야 비로소 내 견해가 얼마나 큰 영향을 미쳤는지를 실감했습니다. 아마도 흐뭇한 기분이 들었다고 답변해야 할 것 같네요.

— 그때의 경험을 통해 어떤 점을 느끼셨나요?

사회에 큰 도움을 줄 수 있는 건강한 과학 정책을 수립하기 위해서는 참고 가능한 과학적 증거를 열린 마음으로 받아들이고 자유롭게 의견을 교환할 수 있는 환경을 마련하고 유지해야 한다는 생각이 들었습니다. 우리는 생물학의 발전이 앞으로 어떤 방향으로 나아가게 될지 아직 모릅니다. 하지만 연구를 통해 발견한 가능성을 온전히 실현하기 위해서는 새로운 과학을 결코 두려워해서는 안 됩니다. 나의 영웅인 마리 퀴리는 이런 말을 남겼습니다. "삶에서 두려워할 것은 아무것도 없다. 단지 이해가 필요할 뿐이다."

— 교수님이 노벨상을 수상한 2009년에는 버락 오바마 대통령이 노벨 평화상을 받았습니다. 위원회 경험에 관해 그분과 대화를 나누어보신 적이 있나요?

개인적인 의견을 전달할 기회는 없었지만, 수상 소식이 발표된 직후에 직접 축하 인사를 할 수 있었습니다. 내가 그분을 만나 뵈러 백악관에 갔었지요. 미국의 노벨상 수상자들은 노벨상을 받은 해에 대통령을 만나는 것이 관례이기 때문입니다.

— 2009년 노벨상 수상자들과 지금까지도 서로 연락하고 교류하며 지내시나요? 그분들과 함께 보낸 노벨 주간 동안 특히 기억에 남는 일이 있었습니까? 또는 교수님을 비롯한 수상자들이 개인적인 차원에서 각자 어떻게 보람차게 노벨 주간을 보냈는지 말씀해주실 수 있나요?

캐럴 그라이더와 잭 쇼스택Jack Szostak 등 공동 수상자와 동료들을 제외하면, 2009년에 노벨상을 받은 다른 수상자들과 자주 연락하며 지내지는 않습니다. 가끔 국제 콘퍼런스에서 우연히 마주치면 이야기를 나누곤 합니다. 그 일주일 동안 있었던 일 중에서 가장 즐거웠던 기억은 스톡홀름에 있는 아름다운 왕립 베르나도테 도서관에서 열린 원탁회의에 참석한 것입니다. 그곳에서 나를 비롯한 수상자들은 자신의 연구 분야와 젊은 시절, 영감을 주는 것들과 이루고 싶은 목표에 관해 이야기를 나누었습니다. 대체로 비슷한 어린 시절을 보냈다는 사실을 알게 되어 흥미로웠습니다. 각자 어릴 때부터 지식에 대한 갈망이 있었고, 자기가 어떤 분야를 연구하고 싶은지를 잘 알고 있었던 것 같았습니다.

— 이번에는 몇 가지 자료를 살펴보겠습니다. 그리고 해밀턴 스미스 교수님을 이 자리에 모시도록 하겠습니다. 노벨상 수상자 중 남성과 여성의 숫자는 불균형이 상당히 심합니다. 남성 수상자 대 여성 수상자의 비율이 17 대 1입니다. 이런 수치에 대해 어떻게 생각하십니까?

블랙번 | 인류는 부당한 대우를 받고 있습니다. 철학과 문학, 의학과 과학의 발전을 위해서는 다양한 지성인들이 필요하며, 여기에는 남녀의 구별이 없습니다.

스미스 | 역사적으로 그리고 문화적으로 여성은 고등교육을 받고 연구에 종사할 수 있는 기회와 유인誘因을 제공받지 못했습니다. 마리 퀴리는 예외에 해당합니다. 이와 같은 문화적 영향이 여

전히 남아 있기는 하지만 이제는 시대가 바뀌었습니다. 나는 남성과 여성이 똑같이 재능과 자격을 갖추고 있다고 생각합니다. 따라서 앞으로는 상황이 균형을 이루게 될 것입니다.

— 2009년은 노벨상 수상자 중 여성이 가장 많았던 해라는 기록을 여전히 보유하고 있습니다. [여성 수상자가 다섯 명이었다.] 세상의 변화를 실감하시나요? 아니면 2009년은 예외에 해당할까요?

블랙번 │ 나는 긍정적으로 생각합니다. 상당히 느린 속도가 유감스럽긴 하지만 세상은 분명히 변하고 있습니다. 이 세상에는 눈부신 재능을 지닌 수많은 여성이 있고, 인류에 유익한 영향을 미치는 연구를 선도해가는 여성들이 마침내 인정받고 있습니다.

스미스 │ 물론 세상은 변하고 있습니다. 하지만 2009년도가 예외적인 해였다는 점에는 의심의 여지가 없습니다.

— 교수님의 노벨 전기에는 노벨상 수상자인 바버라 매클린톡Barbara McClintock이 교수님께 과학적 결과에 대한 본인의 직관을 믿으라고 조언해주셨다는 일화가 실려 있습니다. 현대 과학에서 직관을 발휘할 수 있는 여지는 얼마나 될까요?

블랙번 | '직관'이라는 단어에는 앞으로 일어날 일을 알고 있거나 어떤 길을 따라가야 할지를 감지한다는 함의가 있어서 다소 조심스럽습니다. 나는 '호기심'이라는 단어를 선호합니다. 여기에는 앞으로 어떤 일이 일어날지 알지 못하고, 예상치 못한 길을 걷게 되더라도 열린 마음으로 받아들인다는 의미가 담겨 있습니다. 과학도 인문학만큼이나 창의적인 학문이라고 생각합니다. 과학을 연구하려면 상상력을 발휘하여 처음에는 낯설게 느껴질 수도 있는 새로운 아이디어와 도약을 받아들여야 합니다. 이것이 내가 말하는 '호기심이 이끄는 과학'입니다.

스미스 | 본질적으로는 직관도 지식을 바탕으로 추측하는 것입니다. 직관을 발휘할 여지는 항상 있겠지만, 대부분의 과학자는 성실하고 꾸준한 연구를 통해 발견과 발명을 이루어냅니다.

# 생명이 무엇인지는
# 누구도 모른다

캐리 멀리스
Kary B. Mullis

---

그저 여유롭게 때를 기다려라―파도는 온다.
다른 사람들은 먼저 가게 두고
다음 파도에 올라타라.

• 듀크 카하나모쿠 •

— 캐리 멀리스 교수님은 PCR polymerase chain reaction(중합효소 연쇄
반응) 기법을 개발하셨습니다. PCR 덕분에 우리는 DNA를 '복
사'할 수 있게 되었습니다. 대다수의 아이들은 설탕을 먹고 싶
어서 주방에서 설탕을 가져가는데, 교수님은 질산칼륨과 설탕
을 혼합해서 자체 제작한 로켓의 연료로 사용하시곤 했다고요.

근처에 작은 식료품점이 있었는데 사탕은 그 가게에서 사 먹을
수 있었습니다.

— 한번은 개구리를 아주 높은 상공으로 발사하셨습니다. (그 개구
리는 무사히 착륙에 성공했지요.)

그렇습니다. 그때 막대를 이용해서 각도와 지상으로부터의 거리
를 계산해봤는데 1마일 상공까지 날아갔습니다. 로켓 설계도를
수정하고 개선하느라 많은 시간이 들긴 했지만, 그 덕분에 즐겁
게 여름을 보낼 수 있었습니다.

— 그게 바로 로켓 사이언스 rocket science('아주 복잡한 것'을 뜻하는
표현으로 여기서는 중의적인 의미로 쓰였다—옮긴이)군요! 교수님
이 처음에 그런 방식으로 과학에 접근하셨을 때 혹시 어머니께
서 걱정스러워하지는 않으셨나요?

창가에서 어머니가 친구들과 나를 지켜보고 계셨던 기억이 납니다. 한번은 나무에 불을 냈지요. 어머니는 관대한 편이셨는데 그렇다고 해서 나를 방치하지는 않으셨습니다. 우리를 보고 계시긴 했지만 우리가 무엇을 하고 있는지, 지금 어떤 일이 일어나고 있는지는 잘 모르셨습니다. 하지만 불이 났었고 위험한 일이 발생할 가능성이 있다는 것은 알고 계셨습니다. 나는 설탕과 질산칼륨을 혼합하면 어떻게 되는지 알았습니다. 로켓의 연료로 쓸 수 있죠. 어머니는 눈에 상처를 입는 일이 없도록 조심하라고 당부하셨습니다. 나는 이렇게 대답했어요. "알았어요, 엄마. 다치지 않게 조심할게요."

— **어머님은 교수님의 인생에서 얼마나 중요한 존재였나요?**

나는 아버지보다는 어머니와 더 가까웠습니다. 아버지는 주중에 출장을 많이 다니셨거든요. 친구들은 모두 우리 어머니를 좋아했고 어머니도 친구들이 우리 집에 놀러 오는 걸 좋아하셨어요. 다정한 분이었죠. 어릴 때 살던 집이 꽤 컸는데, 나와 친구들에게 일종의 사적인 공간을 허락해주셨던 점이 참 좋았습니다. 내가 고등학교에 들어갈 때까지는 주로 집에 계셨는데 나중에는 사업을 시작하셨습니다.

—  어머님이 교수님께 DNA에 관한 〈리더스 다이제스트〉 기사들
을 보내주셨다는 게 사실인가요?

나에게 그런 기사들을 안 보내주셔도 된다는 걸 어머니는 한참
후에야 깨달으셨죠. 재미있는 일이었어요.


—  고등학교 시절에는 화학 실험실에 자유롭게 드나들 수 있었던
덕분에 유기화학에 대해 많은 것을 배우실 수 있었다고요.

네, 그랬습니다. 고등학교에서 처음으로 유기화학 실험을 해보았
죠. 선생님이 허락해주셔서 오후에 화학 실험실을 이용할 수 있
었습니다. 친구들과 실험실에서 시간을 보내곤 했는데, 우리가
즐거워하는 모습을 보고 선생님도 기뻐하셨어요. 여름 동안에는
어느 가게에서 일했는데, 그때 동료였던 맥스가 내가 화학물질
의 구조와 이름을 잘 아는 걸 보고 곧바로 내 재능을 알아보았
습니다. 우리는 친구가 되었어요. 그리고 다른 친구들과 함께 시
중에서 구할 수 없는 화학물질을 만들기 시작했습니다. 정말 재
미있는 여름이었죠. 처음에는 집에 딸린 차고에서 실험했습니다.
문 앞에는 '들어오지 마시오'라는 팻말을 걸어두었어요. 하지만
그 집의 할머니가 들어오셨고 우리는 다른 곳으로 자리를 옮겨
야만 했습니다. 그러다가 대학원에 들어가서 캘리포니아를 떠나
게 되었습니다.

생명이 무엇인지는 누구도 모른다

— 교수님께서 처음 근무하셨던 연구실은 생화학 연구실이었습니다. (지켜야 할 규칙이 거의 없는 곳이었죠.)

네, 버클리에서요. 분자생물학 강의에는 그다지 신경을 쓰지 않았습니다. 그때는 분자생물학이 한창 성장하고 있었는데, 내가 예상했던 것보다 생물학적인 측면이 약했습니다.

— 그때 교수님은 이미 '직접 경험'을 통해 많은 것을 알고 계셨습니다.

나는 무엇이든 빨리 배우는 편이었습니다. 화학물질을 만들며 놀 때부터 내 마음속에는 언제나 화학이 있었습니다. 이 분야에 대해 배울 수 있는 좋은 방법이었죠.

— 그래서 분자생물학 대신 천체물리학 강의를 수강하기로 결심하셨습니다. 1968년에 처음으로 《네이처》에 과학 논문을 발표하셨지요!

네, 그렇습니다. 논문 제목은 〈시간 역전의 우주론적 중요성Cosmological significance of time reversal〉이었습니다. 거의 곧바로 심사에 통과했죠.

— 천체물리학이 아닌 다른 분야를 택하신 이유는 무엇입니까?

천체물리학이 매우 흥미로운 분야라고 생각했지만, 생화학자가 되면 생계를 꾸려나갈 수 있습니다. 천체물리학자는 훨씬 더 학술적인 느낌이 들었습니다. 그리고 사실 천체물리학에서는 실험을 거의 하지 않으니까요.

— (분자생물학 강의를 수강하지 않고도) 분자생물학 박사학위를 받을 수 있도록 허가해준 박사위원회의 구성원 중에는 노벨 물리학상 수상자인 도널드 글레이저Donald Glaser도 있었습니다. 그분은 생명공학 기업인 시터스사의 공동 창립자이기도 했는데, 교수님이 나중에 이 회사에서 근무하게 되었습니다. 그리고 《사이언스》의 편집인이었던 대니얼 코실랜드Daniel Koshland도 심사위원 중 한 명이었는데, 이분은 처음에 교수님의 PCR 관련 논문을 거절했습니다. 훗날 교수님은 PCR을 개발한 공로로 노벨상을 수상하셨고요.

그렇습니다. 코실랜드는 PCR이 얼마나 대단한 발견인지를 파악하지 못했습니다. 그걸 놓친 거죠. 당시에 코실랜드와 주고받은 서신을 보면 이런 말이 적혀 있습니다. "이 논문을 실어주셔야 합니다. 정말 엄청난 발견을 해냈습니다." 코실랜드는 이렇게 답장했죠. "게재할 다른 논문들이 많습니다." 그 논문을 거절한 것이

생명이 무엇인지는 누구도 모른다

아마도 그분이 저지른 가장 큰 실수가 아닐까 싶습니다.


—  박사 논문 심사를 받으실 당시에, 그 심사위원들이 훗날 교수님
   께 얼마나 중요한 영향을 미치게 될지 혹시 상상해보신 적이 있
   습니까?

심사위원 중에 천체물리학을 잘 아는 분이 있기를 바랐습니다.
비록 생화학과와 분자생물학과에서 물리학의 전문 지식도 갖춘
사람을 찾기는 어려웠지만요. 다행히 글레이저 교수님은 물리학
개념들을 이해했고 내가 《네이처》에 천체물리학 관련 논문을 발
표한 적이 있다는 사실도 알고 있었습니다.


—  전기에 적혀 있듯이, 1983년 교수님이 미국 멘도시노 카운티에
   서 차를 몰고 '128번 고속도로의 46.58마일 지점'을 지날 때쯤
   '깨달음의 순간eureka moment'이 찾아왔습니다. 그리고 10년 후
   교수님은 어머니의 생신에 스톡홀름에서 걸려온 전화를 받으
   셨지요. 그 전화를 받은 후에 곧바로 무엇을 하셨습니까?

서핑하러 갔습니다! 그때는 스티브라는 친구와 매일 아침 꾸준
히 서핑을 하곤 했습니다. 수상 소식을 알리는 전화를 받은 뒤에
바로 스티브가 우리 집에 도착했죠. 스톡홀름에서 연락한 사람

들이 이렇게 말하더군요. "하루 종일 전화벨이 울리더라도 놀라지 마십시오." 그러고 나서 우리는 서핑하러 갔어요.

—  서핑하러 가셨고, 마치 본인이 캐리 멀리스가 아닌 척하셔서 언론을 떼어내셨군요!

가장 좋아하는 서핑 장소에서 서핑을 마치고 물에서 나올 때쯤에는 언론이 내가 어디에 있는지 알아냈습니다. 아마도 이웃들에게 내가 아침에 어디로 서핑을 하러 가는지 물어본 것 같습니다. 정말 즐겁고 재미있는 하루였지요.

—  분명히 그랬을 것 같습니다.

당시에 나는 노벨상을 받게 해준 PCR이 생화학 분야에 어마어마한 변화를 일으킬 걸 이미 알고 있었습니다. 그렇게 빠른 속도로 PCR 기법이 보급될 줄은 몰랐지만요. 아마도 간단하게 실시할 수 있는 기술이었기 때문에 널리 전파될 수 있는 잠재력이 있었던 것 같습니다. 세상은 이러한 발견을 활용할 준비가 되어 있었습니다. 꼭 필요한 기술이었죠. 다른 누군가가 개발해냈을 법한 기술인데 사실은 그때까지 아무도 하지 않았습니다. 나중에 어떤 사람을 만났는데 나한테 그런 말을 하더군요. 내 뒤를 추격

생명이 무엇인지는 누구도 모른다

하던 경쟁자는 없었다고요.

—  PCR은 역사상 가장 중요한 발견 중 하나입니다. 여러 가지 측
면에서 이 세상을 바꾸어놓았습니다.

PCR은 어디서나 쓰입니다. 《네이처》에는 PCR 기법을 활용한
논문이 항상 실립니다. 이제는 모두가 당연하게 사용하는 기술
이 되었죠.

—  교수님은 1983년에 노벨상을 수상하게 된 발견을 해내셨고
1993년에 스톡홀름에 가셨습니다. 1998년에는 자서전 《마음
밭에서 알몸으로 춤추다 Dancing Naked in the Mind Field》를 출간하
셨습니다. 만약 이 책에 새로운 챕터를 추가한다면 어떤 내용이
들어갈까요?

지금으로서는 어떤 내용이 될지 잘 모르겠네요. 지구에서는 흥미
로운 일들이 수없이 벌어지고 있습니다. 특히 과학 분야에서요.

—  지금까지 살아오면서 했던 일 또는 하지 않은 일 중에서 후회
되시는 것이 있나요?

아직 하지 않은 일들이 있냐고요? 아니요, 그런 것 같지는 않습니다. 새로운 책을 집필해볼까 싶은 생각은 드네요. 하지만 내 경우를 보면 인생에서 분명한 점이 하나 있습니다. 나이가 들면 예전처럼 두뇌 회전이 빠르지 않고 총기를 유지하기가 어렵다는 것입니다.

— 　미래 세대의 과학자들에게 어떤 조언을 들려주고 싶으신가요?

그 질문에는 어떻게 답해야 할지 모르겠네요. 만약 지금 내가 스무 살이고 이제 막 대학원에 들어간다면 어떤 분야에 관심을 가지게 될까요? PCR에 관심을 갖기 전에는 컴퓨터공학자가 되고 싶다는 생각도 했습니다. 프로그래밍도 했었고, 컴퓨터공학을 활용하면 똑같은 일을 계속 반복하지 않아도 된다는 점이 흥미로웠지요. 컴퓨터로 간단한 프로그램을 만들어내면 다음에는 그 일을 해야 할 때마다 그냥 프로그램을 돌리면 되니까요.

　조언을 하자면, 본인이 좋아하는 일을 하라고 말해주고 싶습니다. 만약 지금 하는 일이 마음에 들지 않으면 다른 길로 방향을 바꿔도 된다고요. 과학 관련 회의에 참석할 때는 포스터 발표 시간이 있다면 포스터 옆에 서 있는 사람들과 함께 시간을 보내면서 발표 주제를 이해하기 위해 노력해보길 바랍니다. 발표 내용에 관해 기꺼이 설명해줄 사람은 항상 있습니다. 나는 포스터 발표 시간이 있는 회의가 참 좋았습니다. 특정한 주제에 관

생명이 무엇인지는 누구도 모른다

해 모든 것을 알고 있는 사람과 이야기를 나눌 수 있었기 때문입니다.

나는 경계를 의식하지 않았습니다. 너무 이상해서 관심을 갖지 않은 분야도 없었고, 너무 복잡해서 더 알고 싶지 않은 분야도 없었습니다. 다양한 것들을 결합해서 PCR을 생각해냈습니다. 경계가 없다는 것은 내가 대인관계 측면에서 다소 별난 부분이 있다는 뜻이기도 합니다. 그런 면은 나라는 사람의 일부입니다. 간단한 예를 들어보겠습니다. 아내와 함께 거리를 걷다가 어떤 건물 앞에 피어 있는 예쁜 꽃들을 보면 그 꽃에 대해서 건물 주인과 이야기를 나눕니다. 그리고 우리는 정원을 가꾸기 위해 세계 각지에서 씨앗을 모으는 것을 좋아합니다. 나는 작은 나무를 심는 것도 좋아하죠.

— 교수님이 서핑을 정말 좋아하신다는 것은 저도 알고 있습니다. (자서전 표지에 서핑하시는 모습이 담긴 사진이 실렸으니 다른 사람들도 잘 알고 있겠지요.) 서핑을 통해 무엇을 배우셨습니까?

그저 즐겁고 재미있게 사는 것을 배웠습니다! 때로는 어떤 것이 나를 나답게 만드는 이유를 모를 수도 있지요. 그리고 서핑은 나름대로 사교적인 운동이기도 합니다. 파도가 오기를 기다리는 동안에는 주로 이야기를 나누거든요.

— 교수님은 노벨 강연의 서두에서 교수님의 과학적 영웅인 노벨 상 수상자 막스 델브뤼크Max Delbrück와 리처드 파인먼Richard Feynman, 그리고 에르빈 슈뢰딩거Erwin Schrödinger의 저서 《생명 이란 무엇인가What is Life?》에 대해 말씀하셨습니다. 몇 문장으 로 간단히 설명한다면 생명이란 무엇입니까?

세월이 한참 흘렀지만, 이 질문은 여전히 중요하고 유효합니다. 인생은 내가 상상했던 것보다 더 신비한 면이 있었습니다. 나는 정말 기이한 경험을 몇 번 한 적이 있고 그런 사건이 나의 시각에 영향을 주었습니다.

한번은 바로 직전에 돌아가신 할아버지가 우리 집에 오셨 죠. 할아버지와 최소 한두 시간 동안 이야기를 나눴습니다. 실제 로 할아버지가 임종을 앞두고 계신 상황이라는 것은 몰랐습니 다. 다음 날 아침에 형에게 전화해 우리 집에서 할아버지와 대화 를 나누었다고 말했죠. 그랬더니 형이 할아버지는 전날 돌아가 셨다고 말했습니다. 나는 캘리포니아에 있었고 할아버지는 동부 지역에서 별세하셨습니다. 아마도 이승을 떠나시는 길에 나를 보러 우리 집에 들렀다 가신 거라고 생각합니다.

그런 경험을 하게 되면 생명이 그저 화학적 과정이고 영혼 과는 아무런 상관이 없다고 여겼던 회의주의에 변화가 생깁니 다. 생명은 생화학자들이 알고 있는 것보다 더 복잡합니다. 수십 년이 지났지만 '생명이란 무엇인가?'라는 질문에 대해서는 여전 히 답하기 어렵습니다. 수많은 사람이 이 질문에 대해 고민했습

생명이 무엇인지는 누구도 모른다

니다. 내 생각에는 그 누구도, 심지어 에르빈 슈뢰딩거라 하더라
도 생명이 무엇인지는 알 수 없을 겁니다.

Chapter 14

### Chapter 15

# 틀릴 준비가
# 되어 있어야 한다

아노 펜지어스, 해밀턴 스미스, 데이비드 그로스
Arno Allan Penzias, Hamilton O. Smith, David J. Gross

과학에는 특히 상상력이 필요하다.
과학은 전부 수학이나 논리로 가득한 것이 아니라
그 안에는 시와 아름다움도 있다.

• 마리아 미첼 •

— 아노 펜지어스 교수님은 로버트 윌슨<sub>Robert Wilson</sub>과 함께 '우주 마이크로파 배경복사'<sup>33</sup>를 발견하셨습니다. 우주 마이크로파 배경복사는 우주론의 빅뱅 이론을 구축하는 데 도움이 되었습니다. 이러한 공로로 1978년에 노벨 물리학상을 받으셨습니다. 간단히 설명해보자면, 교수님이 안테나를 이용해서 신호를 포착하고 있었는데 모든 간섭을 제거하고 나서도 이상한 배경 소음이 사라지지 않았습니다. 설비를 점검하고 안테나에 둥지를 튼 비둘기를 쫓아내고 배설물까지 다 닦아냈는데도 그 소음은 남아 있었습니다. 그것이 바로 우주 마이크로파 배경복사였습니다.

다들 그런 말을 합니다. 준비된 자에게 행운이 깃들 때 놀라운 과학적 성취를 이룰 수 있다고요. 준비와 행운, 이 둘 중에서 하나라도 없으면 안 됩니다. 내 경우에는 여러 가지 일들이 하나씩 차례대로 일어났습니다. 전파천문학 연구를 시작했을 때 나는 우리가 살고 있는 이 세계에 대해 알고 싶은 것이 있었습니다. 우리는 은하 안에 있지만 그렇지 않은 천체도 있다는 생각이 들었습니다. 로버트 윌슨과 내가 처음으로 했던 일은 장비를 사용해서 확실히 은하계 밖에 있는 천체들을 측정하는 일이었습니다. 일단 가까이 있는 다른 은하계에서 별을 발견했고 목록을 작성했습니다. 일련의 실험을 통해 어떤 천체가 은하계 밖에 있고 어떤 천체는 그렇지 않은지를 명확하게 이해할 수 있었습니다. 이는 독창적인 연구는 아니었습니다. 은하계 밖에 있는 천체들을 발견했을 때 이미 많은 사람이 이러한 연구를 한 적이 있기 때문입니다. 하지만 꼼꼼하게 연구하는 과정에서 이 모든 것을 해낸 후에 우리는 배경복사를 추가로 발견했습니다. 계속 연구하면 할수록 배경복사가 존재한다는 사실이 분명해졌습니다. 우리는 이것이 다른 어떤 천체와도 관련이 없는 잉여 복사라고 생각했습니다.

— 교수님은 《아이디어와 정보Ideas and Information》(1989), 《하모니 Harmony》(1995)라는 책을 출간하셨습니다. 이 책들에서 여러 핵심 개념을 정의하고 과거 및 미래와 연관 지어 설명하셨지요. 특히 첫 번째 책의 서문에는 이런 구절이 있습니다. "나는 앞으로도 인간의 지성이 세계에서 가장 강력한 정보 도구일 것이라고 믿어 의심치 않는다." 지금도 그런 견해는 변함이 없습니까?

그런 것 같습니다. 진화의 산물이든 창조주가 부여한 것이든, 인간의 지성 덕분에 우리는 생각을 할 수 있습니다. 어느 쪽이든 간에 인간이 호기심 많은 존재라는 것은 정말 놀라운 선물입니다.

— 린다우에는 언제나 위대한 지성을 지닌 사람들이 모여듭니다.

린다우에 갈 때마다 확실히 기분이 좋아지고 감정이 고양됩니다. 린다우 방문이 나에게는 크나큰 혜택이었습니다. 연구 이전의 경험과 연구 이후의 경험을 통합하는 계기를 마련해주었지요. 린다우에 갔을 때 정말 뛰어난 학생들이 많다는 생각을 했던 기억이 납니다. 훌륭한 학생들과 선배 과학자들이 한자리에 모인 배움의 장에서 모두 열의가 넘치고 즐거워하는 모습을 보면 한없이 흐뭇한 기분이 들었습니다. 정말 멋지고 환상적인 경험이었죠. 그리고 린다우가 좋은 점은 끝없이 계속된다는 것입니다. 적어도 우리는 린다우 회의가 계속 열리기를 바랍니다. 마치 바다에서 하늘로 올라간 물이 눈으로 변하고, 눈이 지구로 다시 내려와서 호수와 합쳐지는 물의 순환과도 같습니다. 살아 있는 생물이자 인간으로서 우리는 린다우를 즐기고 린다우와 더불어 성장하는 기회를 누립니다. 또한 린다우에 기여하기도 합니다.

—  린다우 얘기가 나와서 말인데, 젊은 과학자들에게 어떤 조언을 해주시고 싶으신지 여쭤보고 싶습니다.

틀릴 준비가 되어 있어야 한다고 말하고 싶습니다. 그렇지 않다면 계속 똑같은 길에 머무를 텐데, 그 길은 여러분이 가야 할 곳으로 이어지지 않습니다. 아울러 모순을 받아들일 준비를 하라고 말해주고 싶습니다.

— 이번에는 이분법적인 관점에서 몇 가지 이슈들을 살펴보도록 하겠습니다. 앞서 여러 장에서 이미 만나보았던 해밀턴 스미스 교수님을 다시 이 자리에 모셔서 몇 가지 질문을 드리겠습니다. 먼저 과학계의 경쟁과 협력에 관해 이야기를 나눠보고 싶습니다. 이 둘 중에서 어느 쪽이 과학의 진보에 가장 도움이 될까요? 또 그 이유는 무엇인가요?

펜지어스 │ 정말 훌륭한 질문이군요. 두 가지 모두라고 답하고 싶습니다. 하지만 꼭 하나를 택해야만 한다면 경쟁이라고 생각합니다. 경쟁할 때는 열린 마음으로 경쟁에 임하는 것이 무엇보다도 중요합니다.

스미스 │ 주변의 과학자 친구 중에는 경쟁을 통해서 자극을 받는 사람들도 있습니다. 하지만 나는 협력을 선호합니다. 나의 아이디어를 보완해주고 시너지 효과를 낼 수 있는 동료들과 함께 어떤 문제에 관해 연구하는 것보다 더 즐거운 일은 없습니다. 그 완벽한 예가 왓슨과 크릭입니다. 왓슨의 저서인 《이중나선The Double Helix》에는 두 사람의 상호작용과 난관을 차례차례 극복해나갈 수 있도록 서로 독려한 과정이 구체적으로 서술되어 있습니다. 크릭은 물리학적으로 접근했고 왓슨은 생물학적으로 접근했습니다. 크릭은 DNA가 분명히 나선 구조를 지닐 것이라고 추론해냈고 왓슨은 염기쌍과 그 함의를 알아냈습니다. 물론 어떤 사람들은 라이너스 폴링과의 경쟁 관계에 주목하기도 했습니다. 영화 대본이 될 만한 내용이지요. 하지만 그런 경쟁이 그들에게 동기부여가 된 것은 아닙니다.

내가 경력을 쌓아가던 시절에 켄트 윌콕스라는 대학원생이 우리 연구실에 들어왔는데, 그 친구가 적절한 질문을 던져준 것이 행운으로 작용했습니다. 헤모필루스 인플루엔자균이 침투한 외래 DNA가 파괴된 것을 관찰한 그는 혹시 이게 제한효소가 아니냐고 나에게 물었습니다. 아쉽게도 두 달 후에 그는 군대에 가게 되었습니다. 하지만 그가 떠나기 전에 우리는 이 문제를 살펴보기로 했습니다. 그 후에 나는 몇 달 동안 혼자서 연구에 전념했습니다. 다행히 그해가 다 가기 전에 톰 켈리라는 뛰어난 박사후연구원이 합류했습니다. 함께 연구하던 그 시절은 분명 우리의 삶에서 최고의 시간이었습니다. 불과 몇 달 만에 절단 부위의 염기서열을 알아낼 수 있었습니다. 만약 혼자서 연구했다면 훨씬 더 오랜 시간이 걸렸을 것입니다.

— 2004년 노벨 물리학상 수상자인 데이비드 그로스 교수님을 이 자리에 모셔서 몇 가지 질문을 드리겠습니다. 아이디어 대 기술 — 미래의 중요한 발견을 이끌어내는 데 어느 쪽이 더 중요할까요?

펜지어스 | 나는 아이디어라고 답하겠습니다. 기술은 어떻게든 맡은 일을 해내겠지요. 어쨌든 기술은 우리를 압도하는 경향이

틀릴 준비가 되어 있어야 한다

있습니다. 우리는 기술을 이용해서 아이디어를 찾아냅니다.

스미스 | 두 가지 모두 똑같이 중요합니다. 부연 설명을 해보겠습니다. 새로운 기술은 새로운 연구의 전망을 활짝 펼쳐줍니다. 그 예로는 크리스퍼CRISPR 기술이나 물리학의 거품 상자, 제한효소, DNA 염기서열화 등이 있습니다. 반면에 상대성 이론, 맥스웰 방정식, 주기율표 등 새로운 아이디어는 새로운 기술과 생각을 촉진하는 데 막대한 영향을 미쳤습니다.

그로스 | 그런 이분법이 마음에 안 들기는 하네요. 기술이나 지식을 적용해서 새로운 도구와 제품, 새로운 방법이나 사물을 만들어 내려면 새로운 아이디어가 상당히 많이 필요합니다. 기초과학 대 응용과학, 또는 자연의 가속 대 새로운 지식의 개발에 대해 얘기해볼 수는 있습니다. 이 두 가지는 손을 맞잡고 양방향으로 움직입니다. 새로운 기술을 원한다면 새로운 아이디어가 있어야만 합니다. 하지만 혁신을 추진하고 아이디어를 탐색하려면 기초과학을 탄탄하게 쌓는 것도 중요합니다. 오늘날에는 새로운 도구들이 생물학을 이끌어가고 있습니다. 생물학적 과정을 측정하는 이런 도구들은 대부분 물리학에서 비롯되었습니다. 기술은 과학의 진보에 필수적이며 과학은 기술의 발달에 핵심적인 역할을 합니다.

— 위대한 아이디어들은 어디에서 비롯될까요?

펜지어스 | 인간의 지성에서 나옵니다! 다행스럽게도 자연은 우리 인간을 호기심 많은 존재로 만들어주었습니다.

스미스 | 어려운 질문이군요. 아이작 뉴턴은 이런 말을 했다고 하죠. "내가 다른 사람들보다 더 멀리 내다볼 수 있었다면 그건 내가 거인의 어깨 위에 올라서 있었기 때문이다." 새로운 아이디어들은 대개 과거의 연구에서 암시되었던 내용입니다. 진정한 '유레카'에 해당하는 아이디어는 매우 드뭅니다.

그로스 | 좋은 질문입니다. 우리는 인간의 뇌가 어떻게 작동하는지에 대해 아직도 잘 모릅니다. 다들 이와 비슷한 경험을 하신 적이 있을 텐데요, 내가 지금 말하고 있는 동안에도 어딘가에서 저절로 답변이 나타납니다. 나의 경험에 비추어 보면 뇌에서 의식화되는 것들, 즉 내가 말하거나 쓸 수 있는 것들은 대개 뇌의 어딘가에 들어 있고 스스로 의식하지 못하는 것들입니다. 나도 내생각이 어디에서 오는지 알 수가 없습니다! 우리는 머릿속에서 어떤 일이 벌어지고 있는지에 대해 거의 모르지만, 새로운 아이디어를 촉진하는 방법을 배웠으니 그런 방법을 지속적으로 실행하면 됩니다. 그러나 이런 질문에 대한 해답을 알고 있는 사람이 있다고 생각하지는 않습니다.

틀릴 준비가 되어 있어야 한다

— 아마도 펜지어스 교수님의 삶에서는 신이 중요한 부분을 차지할 것 같은데요. 교수님의 저서에는 신에 대해 언급한 부분이 별로 없었습니다. 색인도 살펴보았는데 신God이라는 표제어는 없더군요. (세계 경제Global Economy와 앨 고어Al Gore 사이에 있었어야 할 텐데요.) 교수님은 신을 정의하는 데 관심이 많으신가요?

지금까지 살면서 내가 했던 일들과 겪은 일들을 돌이켜보니, 마지막 한 가지 가능성에 도달했습니다. 나는 신이라는 존재가 있기를 바랍니다. 진짜로 신이 있다면 좋겠습니다.

— 과학에 대한 믿음과 종교에 대한 믿음, 이 둘 중에 어느 편이 더 클까요? 어느 쪽이 더 독단적일까요?

펜지어스 | 나에게 과학과 종교는 서로 떼어놓기가 어렵습니다. 우리는 항상 좁은 시야에서 한쪽을 택하곤 합니다. 하지만 만약 양쪽 모두를 포용한다면 인간의 지성과 영혼에 대해서 논의할 수 있습니다. 나는 이 두 가지를 서로 분리해서 생각하기가 어렵습니다. 궁극적으로는 모든 것이 뒤섞인 체계로 돌아오게 됩니다. 인생의 각기 다른 시기와 상황에 우리는 이쪽에서 저쪽으로 오갑니다. 그리고 본능과 논리가 공존합니다. 나에게는 그 둘 사이를 분리할 수 있는 수단이 없습니다.

**스미스** | 나는 그런 질문에 답하기에 적절한 사람이 아닙니다. 종교에 관심도 없고 종교에 관해서 잘 알지도 못합니다. 우리 부모님은 어릴 때부터 남침례교 신자이셨는데, 내가 일곱 살 때쯤 어머니께 이제 우리가 교회에 안 가는 이유가 무엇인지 여쭤보았습니다. 그랬더니 어머니는 다음과 같은 이야기를 들려주셨습니다. 부모님이 (내가 네 살 무렵이던) 어느 일요일 아침에 일어나서 교회에 갈 준비를 하시다가 문득 서로를 바라보며 "우리가 왜 이걸 하고 있는 거지?"라는 말을 하셨다고 합니다. 그래서 나는 종교를 강요받지 않고 자랐습니다. 과학은 믿음이 아니라고 생각합니다. 과학은 세상이 어떻게 작동하고 인체가 어떻게 작동하고 우리가 왜 존재하는지를 이해하려는 시도입니다. 그리고 기술을 통해 우리의 삶을 개선하고 싶은 소망도 있습니다.

**그로스** | 우리는 과학과 관련해서 여러 가지 사실을 믿는다고 말하곤 합니다. 그런데 이는 종교적인 믿음과는 사뭇 다릅니다. 과학은 과학적 이해를 통해 나름의 방식으로 진술과 믿음, 이론과 모델의 진실성을 판단합니다. 우리는 어떤 것이 사실인지 아닌지를 규명할 수 있는 과학적 방법론을 지니고 있습니다. 아이디어와 믿음, 그리고 이론을 바탕으로 우리가 관찰한 것들에 관해 예측하기 위해 노력하며, 자연에 비추어 예측을 확인합니다. 이러한 과학적 방법론은 종교의 믿음과는 상당히 다릅니다. 종교의 경우에는 권위가 의심받지 않습니다. 비교가 되지 않을 정도로 서로 다릅니다. 하지만 우리가 생각해낼 수 있는 모든 질문에

틀릴 준비가 되어 있어야 한다

적용할 수 있는 것은 아닙니다. 종교는 삶의 의미를 포함해서 그 어떤 질문에도 열려 있습니다. 내가 물리학의 범위에 관해 이야기할 때면 삶의 의미에 대한 질문을 종종 받곤 합니다. 그러면 과학이 답할 수 없는 질문들도 있지만, 종교와 철학은 답을 찾기 위해 노력하기도 한다고 말해줍니다. 우리가 답하고자 하는 질문들을 제한하는 것은 과학적 접근법의 일환입니다.

### Chapter 16

# 휴스턴, 우리에게는 해결책과
# 많은 질문이 있습니다

존 매더
John C. Mather

---

안드레아: 엄마가 그러는데 우유 배달부에게
돈을 내야 한대요. 돈을 내지 않으면 우리 집 주변을
둥글게 빙빙 돌 거예요, 갈릴레이 선생님.
갈릴레이: 그럴 때는 '원을 그리면서 돈다'고 하는 거야, 안드레아.
안드레아: 알겠어요. 우리가 돈을 내지 않으면 그 사람이
원을 그리면서 우리 주위를 돌 거예요, 갈릴레이 선생님.

• 베르톨트 브레히트, 〈갈릴레이의 생애〉 •

—  존 매더 교수님은 오랫동안 나사NASA(미국 항공우주국)에서 핵심 인물로 활동하셨습니다. 2006년에는 노벨 물리학상을 수상하셨고 2007년에는 《타임》이 선정한 세계에서 가장 영향력 있는 인물 100인 명단에 이름을 올리셨습니다.

그렇습니다. 다소 낙관적이긴 하지만 사람들이 그렇게 말하더군요.

—  그리고 교수님은 '넓은 세상에서 어떤 일이 일어나게 될지' 모르는 '작은 연못 안의 커다란 물고기'[34]였다고요. 1960년대에 부모님께서 교수님에게 그런 말씀을 자주 하시곤 했지요.

그렇습니다.

—  인간이 최초로 달에 착륙했을 때 스물두 살의 '커다란 물고기'는 어디에 있었습니까? 달 착륙 사건은 교수님에게 어떤 기억으로 남아 있나요?

그때 나는 여름 캠프에서 지도교사로 일하고 있었습니다. 아홉 살 난 소년들의 취침 준비를 하고 있었죠. 뉴욕주의 핑거 호수 인근에 있는 작은 캠프였어요. 소형 TV 한 대밖에 없었는데 바쁘게 일하느라 그 장면을 못 봤습니다. 달 착륙이 훗날 얼마나 중대한 사건이 될지 그때는 잘 몰랐습니다. 그 시절에 나는 기초 물리학을 정말 좋아했습니다. 그때만 하더라도 나사가 과학 발전에 얼마나 큰 영향을 미칠지는 알지 못했죠.

— 교수님이 어렸을 때 부모님께서 다양한 책을 즐겨 읽어주셨고 그중에는 갈릴레이의 전기도 있었다고 들었습니다. 아마도 푹 자고 좋은 꿈을 꾸라고 책을 읽어주셨겠죠?

그렇습니다!

— 브레히트의 〈갈릴레이의 생애〉에는 이런 구절이 있습니다. "영웅이 필요한 땅은 불행할지니." 하지만 어린 소년에게는 영웅이 필요합니다. 교수님만의 '명예의 전당'에는 어떤 영웅들이 있었나요?

갈릴레이와 다윈에서부터 시작했습니다. 그러다가 아인슈타인이 이뤄낸 업적에 대해 알게 되었습니다. 아인슈타인이 1905년에 어떤 일을 해냈는지 마침내 알았을 때는 정말 경이롭다고 생각했습니다. 그 누구도 아인슈타인을 따라잡을 방법은 없습니다. 한 해에 노벨상을 받을 만한 발견을 하나도 아니고 서너 가지나 해냈으니까요. 스톡홀름의 노벨상 수상자 명단에 내 이름이

나란히 적혀 있는 것을 보면 아직도 믿기지가 않고 울컥한 마음이 듭니다. 리처드 파인먼도 나의 영웅이었습니다. 대학원에 다닐 때 그분처럼 되고 싶어서 이론물리학자의 길을 택했습니다. 정말 흥미로운 분야라고 생각했는데, 공부하면서 이미 나보다 훨씬 뛰어난 사람들을 알게 되었습니다. 그리고 1970년대 초반에 누군가 나에게 이론물리학자는 일자리를 구하기가 어렵다는 말을 했습니다. 이렇게 묻더군요. "너 부자야?" 그래서 이렇게 대답했습니다. "아니. 그러면 이론물리학 말고 다른 걸 해야겠다."

그 당시에는 도서관에서 글을 쓰면서 시간을 보내고 있었습니다. 하지만 나는 연구실에 소속되어 일하고 싶었습니다. 도서관에 있는 것보다는 다른 과학자들과 이런저런 연구를 하면서 함께 어울리고 싶었기 때문입니다. 그래서 연구실에서 일하게 되었을 때 무척 기뻤습니다. 뭔가를 만들어내는 일에는 소질이 별로 없긴 하지만요. 논문 지도를 담당해주신 폴 리처즈 교수님도 나의 영웅이었습니다. 지금 내가 연구하는 분야로 이끌어주신 분이지요. 그리고 박사후과정 지도교수였던 패트릭 태디어스 교수님, 오랫동안 나의 상사였고 결혼식 때 신랑 들러리 역할까지 해주신 마이클 하우저도 있습니다.

— **처음으로 미션을 설계하실 때는 어떤 기분이 들었습니까?**

가장 먼저 들었던 생각은 프로젝트를 설계하기 위해 아무리 애

쓰더라도 우리의 설계안이 채택되지 않을 수도 있다는 것이었습니다. 얼마나 많은 경쟁자가 있을지 몰랐습니다. 그런데 알고 보니 나사의 '제안서 공모'에 150건이 접수되었습니다. 우리의 제안서가 채택될 확률이 미미했기 때문에 그에 대해 걱정할 필요가 없었습니다. 나중에 우리가 임무 수행을 위해서 진짜로 뽑힐 수도 있는 상황이 되자 점점 판이 커졌습니다. 나는 뉴욕에 있는 소규모 나사 연구실인 고다드 우주 연구소Goddard Institute for Space Studies의 박사후연구원이었는데, 그때 메릴랜드에 있는 대형 연구소에서 일하게 되었습니다. 지금도 여전히 같은 연구소에서 근무하고 있지요. 이곳에 와 보니 우리의 프로젝트가 실제로 현실화될 수 있다는 사실이 분명해졌습니다. 아이디어가 좋았고, 우리는 전문 엔지니어들 및 관리팀과 함께 일하도록 배정되었습니다. 업무 강도가 높아졌고 그 이후로 지금까지 계속 고강도 업무를 맡고 있습니다!

— 교수님은 우주 배경복사 탐사선 코비COBE, Cosmic Background Explorer와 관련이 많습니다. 코비는 우주 마이크로파 배경복사 연구를 위해 제작된 위성입니다. 당초에는 1988년에 발사할 예정이었는데 챌린저호 폭발 사고 때문에 계획이 연기되었습니다. 나사의 내부자인 교수님에게 챌린저호 참사는 어떤 의미였습니까? 교수님의 연구 파이프라인에는 어떤 영향을 미쳤을까요?

챌린저호 폭발 소식을 들었을 때 나는 코비 위성과 관련된 작업을 하고 있었습니다. 물론 비극적인 사건이라고 생각했지만, 전혀 예상치 못했던 일은 아니었습니다. 당시의 우주비행은 일반인들이 아는 것보다 훨씬 더 무섭고 위험했습니다. 결국 이런 참사가 발생하고 나서야 우리는 우주비행의 위험성을 절실히 깨닫게 되었습니다. 그때 곧바로 들었던 생각은 '이제 어떻게 해야 하지?'라는 질문이었습니다. 계속 코비 위성 프로젝트에 참여하는 것이 내 일이었지만 어떻게 하면 그렇게 할 수 있을지 알 수가 없었습니다. 얼마 후에 알게 되었는데, 프로젝트 운영진은 어떻게 이 프로젝트를 지속적으로 추진할지에 대해 이미 생각이 있었습니다.

원래 코비는 우주왕복선으로 발사할 예정이었는데, 그런 사건이 발생하고 나니 당초의 계획이 과연 실현 가능할지 알 수 없었습니다. 나의 동료는 '델타 로켓'으로 대체하는 방안을 강구해냈습니다. 그리고 원래 계획했던 설비의 절반을 제거하기로 했습니다. 우리는 재설계 방안을 찾아냈습니다. 장비 쪽은 몇 가지만 변경하면 됐지만, 우주선 부분은 완전히 다시 만들어야만 했습니다. 역설적으로 이러한 변화는 상당한 행운으로 작용했습니다. 우리는 델타 로켓 사용 허가를 받았고, 그건 정말 놀라운 기적과도 같았습니다. 당시에 '우리는 코비를 발사하지 못할 거야'라고 말한 사람은 아무도 없었습니다. 어떻게 하면 발사할 수 있을지 그 방안을 찾아내는 데 집중했죠.

— 앞 장에서 우리는 우주 마이크로파 배경복사를 공동 발견한 아노 펜지어스를 만나보았습니다. 교수님은 이 연구를 더욱 진전시켰고 우주의 초창기와 은하계 및 별들의 기원을 탐구한 공로를 인정받아 노벨상을 수상하셨습니다. 현재 나사에서 어떤 프로젝트들을 맡고 계신지 대략적으로 설명해주시겠습니까?

현재는 허블 우주망원경의 후속으로 발사된 제임스 웹 우주망원경과 관련된 일을 하고 있습니다. 제임스 웹 우주망원경은 허블 우주망원경보다 훨씬 더 크고 강력하며, 새로운 영역을 열고 있습니다. 성능이 워낙 뛰어나서 (태양계 바깥에 있는) 외계행성까지도 관측할 수 있습니다. 우주에는 정말 멋진 것들이 있다는 사실이 밝혀지고 있습니다. 그래도 여전히 비교적 작은 망원경이라고 할 수 있습니다. 1995년에 천문학자들은 훨씬 더 큰 망원경을 건설할 필요가 있다는 사실을 알고 있었지요. 그러니까 우리는 지금 이런 일을 하고 있습니다. 긴 시간 동안 진행돼온 프로젝트이고 이제 발사 계획을 수립했습니다.

그리고 일반인들을 대상으로 강연을 하며 왜 과학이 재미있고 흥미진진한지를 알리는 데 많은 시간을 할애하고 있습니다. 특히 대학생들과 대화하는 게 정말 즐겁습니다.


— 돈에 관해 이야기해보자면 수입과 지출의 균형은 어떻습니까? 스페이스 미션은 경제에 얼마나 긍정적인 영향을 미칠까요?

계산하기 어렵습니다. 과연 지식의 가치는 얼마일까요?

우리는 관측 망원경을 개발하는 과정에서 다양한 것들을 발명합니다. 그런 발명품이 누군가에게 쓸모가 있기를 바라고, 실제로 유용하게 쓰이기도 합니다. 그리고 우리는 다른 사람들이 발명해낸 것들의 도움을 받습니다. 국방부를 비롯한 여러 정부 기관을 지원하는 항공우주 산업체들이 없었다면 아마도 우주망원경을 건설하지 못했을 겁니다. 우리는 그런 업체들을 고용하고 그들은 망원경 건설 작업을 돕습니다.


— 브레히트의 〈갈릴레이의 생애〉에는 이런 구절이 있습니다. "이미 많은 것들이 발견되었지만, 앞으로 발견될 것들이 아직 더 많다. 그래서 새로운 세대가 맡게 될 새로운 일들이 항상 존재한다." 2050년을 상상해본다면 그때 나사는 어떤 모습일까요?


그때쯤이면 지금 보유하고 있는 망원경들 이후에 새로운 망원경을 몇 개 더 건설했겠죠. 화성까지 유인 탐사선을 보내 시료를 채취하고 이를 세밀하게 분석해서 화성에 생명체의 흔적이 있는지를 알아냈을 것입니다. 과연 생명체를 발견하는 데 성공했을지는 잘 모르겠습니다. 결코 쉬운 일이 아니니까요. 그러기 위해서는 이런 흔적을 찾아낼 수 있을 만한 적절한 장소에 착륙해야 합니다. 우연히 그런 일이 일어나는 것은 아닙니다. 그때쯤에는 다른 행성에 연구자들을 파견할 수 있어야 하고, 어쩌면 그곳에 영구적인 기지를 건설해서 연구 과정을 모니터링하고 파악할 수도 있겠지요. 우리는 태양물리학을 열심히 연구하는 중일 것입니다. 헬리오물리학이라고 부르기도 하는데, 특히 태양이 지구에 어떤 영향을 미치는지에 대해서 연구하는 학문입니다. 지구에 관해서도 더 많은 것들을 이해하게 되었으면 좋겠습니다. 그리고 긴 시간에 걸쳐서 지구가 어떻게 변화해왔는지, 지금 어떻게 변화하고 있는지에 관해서도 연구하고 대응 방안을 찾아낼 수 있기를 바랍니다. 이는 우리가 다루어야 할 중요한 문제 중 하나입니다. 그때는 향후 수백 년 동안 추진해야 할 중요한 연구 프로그램이 탄탄하게 수립되어 있을 것입니다.

— 이번에는 과학 외교와 과학 협력에 관해 이야기해보겠습니다. 지구에서보다 우주에서 협력하는 편이 더 수월한가요?

협력은 언제나 흥미롭지만 때때로 어렵기도 합니다. 예를 들어 제임스 웹 우주망원경의 경우에는 유럽 및 캐나다와 협력했습니다. 협력 연구는 좋은 아이디어라고 생각합니다. 양측 모두 우리가 미국에서 하기 어려운 일들에 도움을 주었습니다. 물론 자체적인 연구를 통해서도 언젠가는 마침내 이런 일들을 완수했겠지만, 여러 국가가 협력의 중요성에 동의한다는 것은 그만큼 중요한 연구라는 사실을 보여주는 것입니다. 미션에 문제가 발생했을 때 우리가 지속적으로 올바르게 협력 연구를 추진해야 하는 이유를 더욱 잘 알 수 있습니다. 이러한 가능성에 관심이 있다면 앞으로 협력 연구를 통한 기회는 더욱 늘어날 것입니다. 나는 협력을 통해 훨씬 더 많은 일들을 해낼 수 있기를 기대하고 있습니다.

— 다시 브레히트의 〈갈릴레이의 생애〉로 돌아가보겠습니다. "빗자루를 타고 공중을 날아다닐 수는 없다. 그러려면 최소한 빗자루에 기계가 달려 있어야 하는데, 아직 그런 기계는 없다. 어쩌면 앞으로도 영원히 없을지도 모른다. 사람이 너무 무겁기 때문이다. 하지만 물론 장담할 수는 없다." 친구들이 우주에서 찍은 셀피가 우리의 소셜 미디어에 올라오기까지 앞으로 몇 년이나 걸릴까요? 민간 우주여행이 실현되기까지는 얼마나 많은 시간이 필요할까요?

나도 잘 모르겠습니다. 조만간 민간 우주비행사를 달 근처까지 보내겠다는 우주 기업이 있기는 합니다. 일반적으로 말하자면 우주여행을 하는 것이 먼 미래의 일은 아닙니다. 하지만 현재로서는 부유한 사람들만이 우주로 여행을 떠날 수 있습니다. 여행 비용이 저렴해지려면 상당히 오랜 시간이 걸릴 것입니다.

— 교수님도 우주를 여행하고 싶으신가요?

그럴 생각은 없습니다. 신체적인 면에서 우주로의 발사를 견디는 것은 결코 쉬운 일이 아닙니다. 거대한 로켓과 엔진의 힘으로 지상에서 우주로 이륙하는 격렬한 '돌진' 과정을 불가피하게 거쳐야만 합니다. 그러면 신체에 상당한 영향을 받게 됩니다. 매우 건장한 사람이라면 견뎌낼 수 있겠지만 나는 그렇지 않습니다.

—  교수님은 소셜 미디어 플랫폼이 있으신가요?

가입하긴 했지만 별로 이용하지는 않습니다. 가끔 들어가서 다른 사람들의 글을 읽어보는 정도입니다. 게시물을 올리지는 않습니다.

—  다음 장에서 만날 브라이언 슈밋Brian Schmidt은 활발하게 트위터를 활용하는 분이라서 그런 질문을 드려보았습니다. 어린 시절로 돌아간다면 교수님이 훗날 이처럼 수많은 업적과 뛰어난 성과를 이뤄내실 거라고 과연 상상할 수 있을까요? 처음에 언급했던 작은 연못의 커다란 물고기가 그동안 제법 큰 성공을 거두었습니다.

먼 훗날에 내가 이렇게 되리라고는 결코 예상 못 했을 것 같습니다. 나중에 나사에서 일하게 될 거라는 상상조차 하지 못했겠죠.

나사 근무가 특별한 점은 거대한 팀과 함께 일한다는 것입니다. 훌륭한 아이디어가 있다면 그 아이디어를 실현해낼 수 있습니다. 나사라는 거대한 조직이 뒷받침해주기 때문입니다. 만약 어떤 과학자가 그냥 시골에서 살아가고 주유소에서 일한다면, 설령 훌륭한 아이디어가 있다 해도 아무 일도 일어나지 않을 것입니다. 나사에서는 세계 최고의 엔지니어 및 관리자들과 함께 일할 수 있고 매우 복잡한 것들을 현실화할 수 있습니다. 젊은 시절에는 그런 측면까지 이해하지는 못했을 겁니다.

— 나사는 교수님의 인생에서 얼마나 중요한 역할을 했습니까? 그리고 교수님은 나사에서 얼마나 중요한 존재입니까?

나사는 내 커리어 그 자체라고 할 수 있습니다. 이곳 메릴랜드에서 40년을 보냈으니까요. 나는 좋은 아이디어들을 냈고 나사의 사람들은 그 아이디어들을 좋아했습니다. 물론 우리는 모두 훌륭한 연구자입니다만, 아이디어가 개인보다 더 중요하다는 것은 분명합니다. 여기서 나는 지금까지 정말 즐겁게 일해왔고 아이디어를 실행해준 동료들이 있어서 기뻤습니다. 하지만 개인이 아이디어보다 더 중요하다고 생각하지는 않습니다. 나는 언제나 아이디어의 힘에 깊은 인상을 받았습니다.

— 교수님은 최고의 아이디어를 어디에서 얻으십니까?

사람들과의 대화에서 생각이 떠오를 때가 있습니다. 친구들과 이야기를 나누다가 흥미로운 아이디어가 생각나면 그 아이디어를 발전시키거나 실제로 만들어볼 수 있습니다. 또한 다른 친구가 나에게 중요한 연구 과제를 제시할 수도 있고, 그 과제를 수행하다가 내가 '좋은 생각이 떠올랐어!' 하고 말할 수도 있습니다. 질문과 도전 과제를 확보하는 것이 매우 중요합니다. 그러면 이를 해결하기 위해 노력할 수 있습니다.

— 그러면 마법의 공식은 훌륭한 아이디어+훌륭한 팀이겠네요.

그렇습니다!

— 교수님의 노벨 전기[35]를 읽어보면 폼페이와 고대 문명에 대한 책을 집필하고 싶다는 얘기가 나옵니다. 지금도 그런 계획이 있으신가요?

아니요, 이제 그런 생각은 접었습니다. 예전에는 여행에 관한 책을 시리즈로 내면 재미있겠다는 생각을 한동안 했었죠. 큰 도시로 떠난 여행자가 특정 지역의 기술적 성취가 어떻게 이루어졌는지에 대한 정보를 얻을 수 있는 책을 쓰고 싶었습니다. 예를 들어 로마에 간다면 옛날 공학자들이 로마의 건축물을 어떻게 지었는 지를 알려주는 책을 사는 겁니다. 일반적인 여행 안내서 대신에 요. 그 시대의 사람들은 건물을 어떻게 지었고 전기 및 교통과 관 련된 문제는 어떻게 해결했는지를 설명해주는 거죠. 대개 이런 부 분은 외면받는 경우가 많습니다. 어쩌면 흥미를 느끼는 사람들 이 별로 없어서인지도 모르겠네요. 하지만 나는 그런 정보에 관 심이 많습니다. 지금은 이런 정보를 찾아볼 수 있는 곳이 별로 없 습니다. 성당과 성당의 건설 과정도 마찬가지입니다. 피라미드 를 한번 떠올려보세요. 우리는 아직도 피라미드가 어떻게 지어졌 는지 모릅니다. 상당히 매력적이고 흥미로운 분야입니다. 하지만 내가 그런 책을 쓰기에 적임자는 아닐지도 모르겠습니다.

— 우주여행에서 공간과 시간의 여행까지, 눈에 보이는 것 이면에 담긴 아이디어의 역사를 다시 살펴보는 거군요.

최근 몇 년간 나의 관심사 중 하나는 다윈이 고민했던 문제, 즉 '생명은 어디에서 시작되는가? 그리고 생명은 어떻게 발생했는 가?'였습니다. 이제 나사는 '지구 이외의 다른 곳에 생명이 존재 하는가?'라는 질문에 관해 연구하고 있습니다. 그리고 나는 독 서를 통해서 다른 사람들의 견해를 살펴보고 있습니다.

휴스턴, 우리에게는 해결책과 많은 질문이 있습니다

— 역시 찰스 다윈과 갈릴레오 갈릴레이가 교수님의 인생에서 여러 시기를 연결해주는 공통분모 역할을 하네요. 우주 어딘가에 존재할 다른 형태의 생명체에게는 어떤 메시지를 전하고 싶으신가요?

세상에. 다른 문명에 전하는 메시지라고요?

— 네!

낙관적인 기대도 있고 우려스러운 점도 있습니다. 모든 문화는 스스로 발견한 것에서 비롯된 위험에 직면합니다. 도전 과제를 통해 배워나갈 필요가 있지만, 우리가 발명해낸 것 때문에 서로 다투게 될 수도 있습니다. 항상 평화로운 것은 아닙니다. 연구의 진전과 기술의 발달에 따른 변화는 그동안 우리에게 매우 어려운 도전 과제를 제시해왔고, 앞으로도 마찬가지일 것입니다.

SF 소설이 원작인 〈금단의 행성Forbidden Planet〉이라는 영화가 있습니다. 아마 셰익스피어의 작품에 바탕을 둔 것 같습니다. 사람들이 머나먼 행성에 착륙하는데 알고 보니 그곳은 버려진 행성이었습니다. 행성 전체가 텅 비어 있고 기계로 가득 차 있었습니다. 결국 문명과 기계는 모두 사라져버렸습니다. 이 영화를 보면 우리 마음속에 숨겨진 힘은 쉽게 길들일 수 없으며 그로 인해 어떻게 문명이 위험해질 수 있는지가 잘 나타나 있습니다.

이런 모습은 오늘날 국제 정치에서도 찾아볼 수 있습니다. 우리의 기원과 인간이 어떻게 고도로 사회화된 포식자로 진화해왔는지를 살펴보면, 다른 문명도 똑같은 방식으로 진화해서 똑같은 도전 과제에 직면할 가능성이 있습니다.

　　우리는 항상 서로 경쟁하고 있습니다. 나는 이 부분이 우려스럽습니다. 어떻게 하면 이 문제를 극복할 수 있을지 잘 모르겠습니다. 그렇지만 만약에 누군가가 우주에서 이 메시지를 찾아낸다면, 우리가 적어도 부분적으로는 이 문제를 해결했다는 사실을 알게 될 것입니다.

휴스턴, 우리에게는 해결책과 많은 질문이 있습니다

# 우주와 시간을 찾아서

브라이언 슈밋
Brian P. Schmidt

진정한 발견의 여행은 새로운 땅을 찾는 것이 아니라
새로운 시각으로 바라보는 것이다.

• 마르셀 프루스트 •

— 브라이언 슈밋 교수님, 최근까지 노벨상 공식 웹사이트에는 이렇게 적혀 있었습니다. '브라이언 슈밋은 아직 전기를 제출하지 않았음.' 교수님의 몇 안 되는 공식 전기 중 하나는 트위터였지요. 교수님의 인기 있는 트위터 계정@cosmicpinot 프로필에는 이런 글이 게시되어 있습니다. '매우 바쁜 우주론자. 호주국립대ANU 부총장. 와인 생산자. 아버지이자 남편. 2011년 노벨 물리학상 수상자.' 우리는 교수님에 대해 더 많은 것을 알고 싶습니다. 인과응보로, 이번 인터뷰는 프루스트 질문지Proust Questionnaire의 수정본에서 빌려온 몇 가지 질문으로 시작해보겠습니다. 가장 좋아하는 덕목은 무엇입니까?

정직입니다.

— 가장 좋아하는 직업은 무엇입니까?

그야 당연히 과학자입니다!

— 행복이 무엇이라고 생각하시나요?

내가 흥미를 느끼는 일을 하는 것입니다.

— 만약 자기 자신이 아닌 다른 사람이 될 수 있다면 누가 되고 싶으십니까?

폴 너스가 되고 싶습니다.

— 어디에 살고 싶으신가요?

몬태나주 헬레나에 살고 싶습니다. 여기 캔버라에서도 행복하게 지내고 있지만요.

— 가장 좋아하는 작가는 누구인가요?

토마스 하디입니다.

— 허구와 현실을 통틀어서 가장 좋아하는 영웅은 누구인가요?

헤르미온느 그레인저, 인디애나 존스, 마리 퀴리, 넬슨 만델라입니다.

—　　가장 좋아하는 화가와 작곡가는 누구인가요?

르누아르, 달리, 바흐, 브람스, 생상스입니다.

—　　가장 좋아하는 와인은 무엇입니까?

답하기 어려운 질문이군요! 도멘 아르망 루소 그랑 크뤼 2005년산 샹베르탱입니다.

—　　가장 좋아하는 좌우명은 무엇입니까?

남에게 대접받고자 하는 대로 남을 대접하라.

—　　'프루스트의 마들렌'처럼 교수님에게 어린 시절의 즐거웠던 추억을 떠올리게 하는 사물은 무엇입니까?

그런 질문을 받으니 문득 할아버지 댁 지하실의 냄새가 떠오르네요. 그 냄새를 맡으면 단숨에 어린 시절로 돌아갈 수 있습니다…….

— 학부 시절에 교수님은 어떤 학생이었나요?

잠시 방황을 하기도 했고 장난기가 많았습니다. 다소 무모하거나 엉뚱한 일을 많이 했고, 지루했기 때문에 대단히 많은 수업을 들었습니다.


— 학부생 때 저질렀던 가장 무모하거나 엉뚱한 일을 세 가지만 말씀해주실 수 있나요?

행여 나한테 불리하게 작용할 수도 있으니까 다 말씀드리지는 않겠습니다. 스튜어드 천문대의 지붕에서 로켓을 발사했습니다. 교수님들이 보는 앞에서요. 그리고 대학 캠퍼스에서 커다란 새총으로 오렌지를 날렸습니다.


— 교수님은 1993년에 하버드 대학교에서 박사학위를 받으셨고 1994년에는 사모님과 함께 호주에 정착하셨습니다. 1995년에는 고高적색편이 초신성 탐색팀의 팀장으로 선출되셨습니다. 그 팀에는 몇 개국이 참여했고 총인원은 몇 명이었습니까?

우리가 1998년에 발견을 해냈을 당시에는 호주, 칠레, 미국, 독일 등지에서 온 스무 명의 팀원이 있었습니다.

— 세로 토롤로 범미주 천문대는 교수님의 연구팀에서 매우 중요한 역할을 담당했습니다. 호주에서 지내시면서 칠레에 있는 천문대와 원격으로 함께 일하시는 것은 어땠나요?

1995년 당시에는 전송 속도가 초당 한 글자 수준이었습니다. 정말 끔찍했죠. 차라리 비행기를 타고 직접 가는 편이 훨씬 나았을 겁니다. 출발지에서 도착지까지 무려 44시간이 걸렸지만요!

원격으로 공동 연구를 진행하기에는 인터넷 상황이 정말 열악했고 지금도 여전히 어려움이 남아 있습니다. 나와 동료들은 데이터 분석과 관련해서는 칠레에 있는 천문학자들과 이메일로 순조롭게 의사소통을 했습니다. 하지만 실질적인 발견 프로그램을 원격으로 진행하는 것은 본질적으로 불가능했습니다.

— 당시에 우세했던 연구 모델은 우주의 팽창이 둔화되는 상황을 상정했습니다. 반면에 교수님은 이와 반대되는 사실을 발견해 내셨습니다. 프로젝트를 시작하면서 교수님은 어떤 가설을 세우셨습니까? 그리고 데이터를 분석하면서 처음 든 생각은 무엇이었나요?

우리가 세운 가설은 $q_0$라는 감속 매개변수가 데이터에 들어맞는다는 것이었습니다. 이 매개변수는 우주의 밀도에 따라 직접 조정됩니다. 물론 우리도 물질의 인력 때문에 이 매개 변수에 감속

이 나타날 것으로 생각했습니다. (우리가 1998년에 공개한) 데이터 세트를 처음 보았을 때 나는 우리가 뭔가 끔찍한 실수를 저지른 줄 알았습니다. 가속은 그럴듯한 가능성으로 여겨지지 않았습니다. 두 달 후에야 실수를 저지른 게 아니라는 사실을 실감할 수 있었습니다.

— 어떤 매개변수를 이용해서 우주의 팽창 가속도를 측정했나요?

결국 우리는 허블상수, 중력을 지닌 물질에서의 우주의 밀도, 우주상수에 의한 우주의 밀도 등을 포함해 완전한 베이지안 분석을 실시해야 했습니다. 그런 다음에는 암흑 에너지와 우주상수 요소에 대한 상태 방정식을 계산했습니다.

— 1998년에 교수님은 깜짝 놀랄 만한 결과가 담긴 첫 번째 논문을 발표하셨습니다. (제1저자는 애덤 리스Adam Riess였습니다.) 같은 시기에 솔 펄머터Saul Perlmutter가 이끄는 초신성 우주론 프로젝트 역시 독자적인 연구를 통해 동일한 결과를 얻었습니다. 세 분은 2011년에 노벨상을 공동 수상하셨습니다. 그런데 그 기간 동안 두 팀 사이의 경쟁 관계는 어땠습니까?

경쟁이 무척 치열했죠. 우리는 망원경 관측 시간 확보를 위해 경쟁했고, 연구 문화가 서로 매우 달랐습니다. 때로는 경쟁이 심해져서 조금 거칠어지기도 했지만, 대체로 서로 예의를 지켰고 양쪽 팀원들 대다수가 상당히 친해졌습니다. 결과적으로 경쟁이 과학 발전에 도움이 되었습니다.

—    교수님은 트위터 애용자이신데요, 노벨상을 받게 된 발견을 (해시태그 세 개 이하의) 트윗으로 설명해주실 수 있나요?

우리는 과거에 #우주가 얼마나 빠른 속도로 팽창했는지를 측정하기 위해 수십억 년 전에 폭발한 먼 곳의 별인 #초신성을 관측했습니다. 그 결과 우주의 팽창 속도는 지금보다 과거에 더 느렸고 그동안 속도가 더욱 빨라졌다는 사실을 확인했습니다. #중력은 우주를 끌어당긴다기보다는 밀어내고 있습니다.

—    교수님이 발견해낸 사실의 직접적인 결과는 무엇입니까?

현재 우주의 70퍼센트가 우주 전체에 걸쳐서 균일하게 퍼져 있는 에너지의 형태로 존재한다는 것을 알 수 있습니다. 이러한 에너지가 지속되면 우주는 점점 빠른 속도로 무한히 팽창할 것입니다!

—  스톡홀름에서 전화가 걸려왔을 때 교수님은 무엇을 하고 계셨
   습니까? 처음에 어떤 반응을 보이셨나요? 왠지 '바로 그' 전화
   가 걸려올 거라고 기대하셨습니까? 기분이 어떠셨나요?

아내와 함께 주방에 있었습니다. 저녁 식사 준비를 돕는 중이었
죠. 그런 전화가 올 거라는 생각은 전혀 못 했습니다. 처음에는
제자 중 한 명이 장난 전화를 건 줄 알았죠. 그러다가 진짜로 노
벨상을 받게 되었다는 실감이 들기 시작하니까 거대한 감정이
밀려와서 압도되었습니다. 큰아들이 태어났을 때 그랬던 것처럼
요. 너무나도 강렬해서 속이 조금 울렁거릴 정도였습니다.


—  교수님께서 수상 소식을 들으신 후에 노벨상 수상자인 폴 너스
   에게 전화하셨다는 게 사실인가요? 어떤 조언을 들려주시던가
   요?

네. 피터 도허티Peter Doherty와 존 매더에게도 전화를 걸었습니
다. 노벨상을 통해 세상을 이롭게 하려면 어떻게 해야 할지에 대
해, 그리고 스톡홀름에서 모든 일정이 어떻게 진행되는지에 대해
세 분 모두에게 여쭤보았습니다.


—  스톡홀름에서 열린 노벨상 시상식과 관련해 들려주실 만한 재

미있는 일화가 있으신가요?

스톡홀름으로 가는 길에 백악관에 들러 집무실에서 오바마 대통령을 만났습니다. 그리고 떠날 때는 우연히 보노를 만났는데, 그는 가속 팽창하는 우주에 대해 낱낱이 알고 싶어 했습니다. 일주일 동안 운전을 해준 기사의 이름이 스티그였는데 〈톱 기어〉에 나오는 사람과 같은 이름이었습니다. 그랜드 호텔에서는 폴 매카트니가 바로 위층 객실에 묵었습니다. 방에서 여기저기 돌아다니는 소리는 들었는데 직접 만나지는 못했습니다. 근사한 식당에 점심 식사를 하러 갔을 때 뜨거운 전등 위에 티셔츠를 올려두었다가 실수로 불이 붙은 일도 있었습니다. 왕세녀와의 대화는 상당히 즐거웠습니다. 그때 그녀는 임신 6개월이었는데, 임신소식 발표 이후 처음으로 공식 석상에 등장했기 때문에 주목을 많이 받았습니다. 내가 왕세녀와 이야기를 나눌 때 애덤 리스가 그녀의 배를 바라보는 사진이 다음 날 타블로이드지에 실리기도 했습니다.

— 할머니를 찾아뵈러 노스다코타주의 파고에 가셨다가 공항 보안 검색대에서 노벨 메달이 들어 있는 가방을 검사받았을 때는 어떤 일이 벌어졌나요?

내가 노벨상을 수상했을 때 노스다코타주의 파고에 계신 할머니가 메달을 직접 보고 싶어 하셨습니다. 할머니를 찾아뵐 예정이었기 때문에 그때 메달을 가져가기로 했습니다. 노벨 메달을 들고 다녀도 별일 없을 것 같았죠. 파고를 떠나는 길에 엑스레이 기계를 통과했는데 직원들이 당황스러운 표정을 지었습니다. 메달을 노트북 가방에 넣어두었는데, 메달은 금으로 만들어졌기 때문에 엑스레이를 모두 흡수합니다. 그래서 완전히 까만색이 나타납니다. 그 직원들은 그런 광경을 한 번도 본 적이 없었지요.

그들은 이렇게 말했습니다. "가방에 뭔가 들어 있는데요."

내가 답했죠. "네. 아마도 이 상자일 겁니다."

"상자에는 무엇이 들어 있습니까?"

"커다란 금메달이 들어 있습니다."

그래서 그들은 상자를 열어보았고 이렇게 물었습니다. "무엇으로 만든 겁니까?"

"금으로 만든 겁니다."

"어…… 누가 당신한테 이걸 주었습니까?"

"스웨덴 국왕에게 받았습니다."

"그 사람이 당신에게 왜 이걸 주었습니까?"

"내가 우주의 가속 팽창 속도를 발견하는 데 기여했기 때문입니다."

중간에 언젠가부터 그들은 점점 유머 감각을 잃기 시작했습니다. 나는 그게 노벨상이라고 설명했습니다. 그랬더니 끝으로 이렇게 물어보더군요. "그런데 파고에는 왜 오셨습니까?"

— 밥 딜런이 노벨 문학상을 수상한 것에 대해서 교수님은 어떤 반응을 보이셨나요?

그럴 만하다는 생각이 들었습니다. 사실 감명받았습니다.


— 우리가 (말 그대로) 새로운 시각으로 우주를 바라볼 수 있게 해주신 다음에, 교수님은 과학 육성을 위해 지속적으로 열의를 보이며 다양한 활동을 하셨습니다. 초등학교 학생들에게 우주에 대한 이야기를 들려주는 것을 좋아하시고, 호주 국립대의 부총장이시기도 합니다. 과학 교육 및 과학 연구 시스템의 가장 뚜렷한 약점은 무엇입니까? 어떻게 하면 그런 약점을 극복할 수 있을까요?

교육 시스템에 관해서는 충분한 교육을 받은 열정적인 과학 교사가 부족하다고 생각합니다. 훌륭한 교사가 있으면 다른 장애물은 대부분 극복할 수 있습니다.

과학 연구에 관해서는 우리가 연구에 접근하는 방식이 조금 무자비했던 것 같습니다. 커리어 구조상 젊은 사람들에게 엄청난 부담이 가게 됩니다. 또한 연구에 임할 때 위험을 감수할 수 있는 환경을 제공하지 못하고 있습니다.

— 최근 몇 년간 호주 국립대의 부총장으로 근무하시면서 어떤 것들을 배우셨나요?

사람들이 당연하게 여길 때가 많지만, 우리 사회에서 대학이 얼마나 특별한 위치를 차지하는지를 이해하고 감사한 마음을 갖게 되었습니다. 대학이 제대로 기능을 발휘하기 위해서는 학문 연구 활동의 자율성과 학문의 자유가 반드시 필요합니다. 대학을 그저 교육의 공장이나 산업의 도구로 만들려는 압력이 모든 대학에 가해지고 있습니다. 대학은 학생들을 가르치고 연구 활동을 수행할 뿐만 아니라 인간의 창의성을 펼치고 지식을 창조하는 장소가 되어야 합니다. 사람들이 긴 시간 동안 어려운 문제를 숙고할 수 있는 곳이어야 합니다. 호주에서는 교육 및 산업 연구 인력의 대량 공급이라는 단기적인 요구와 대학의 장기적인 사명 사이에서 균형과 조화를 이루기 위해 노력하고 있습니다. 전 세계적으로 다른 대학들도 비슷한 상황을 겪고 있을 것 같습니다.

— 미래 세대의 과학자들에게는 어떤 조언을 건네고 싶으신가요?

본인이 즐거워하고 열정을 느끼는 일을 하되, 성공하려면 어떻게 해야 하는지를 배우는 데 충분한 노력을 기울이기 바랍니다.

—　만약 다시 열여덟 살이 된다면 어떤 분야를 연구하시겠습니까?

다시 돌아가더라도 아마 천문학을 택할 것 같기는 하지만, 기후 및 에너지에 관한 연구를 하거나 어쩌면 빅데이터 분석을 할 가능성도 있겠네요.

　　일단 다양한 영역의 수학을 많이 배워두고 문학, 경제학, 인문학부터 본인이 직접 연구하지 않는 과학 분야에 이르기까지 폭넓게 공부하라고 조언하고 싶습니다.


—　앞으로 어떤 것들이 더 발견될까요?

우주의 95퍼센트는 여전히 미지의 세계입니다. 암흑 에너지와 암흑물질은 무엇일까요? 생명체가 존재하는 다른 행성들은 얼마나 될까요? 양자의 세계에서 중력은 어떻게 작용할까요? 최초의 별들은 어떻게 생겨났고 어떤 모습이었을까요? 우주가 그저 수많은 광자光子로 가득 차 있지 않고 원자가 형성된 이유는 무엇일까요? 중성미자에 질량이 있는 이유는 무엇일까요? 이런 질문들이 끝없이 계속될 수 있지요…….


—　향후 50년 동안 과학자들은 어떤 질문들에 대한 해답을 찾아내야 할까요?

나도 잘 모르겠습니다. 위에서 언급한 몇몇 질문들에 답하는 데 차세대 망원경들이 도움이 될 것 같습니다. 어쩌면 대형 강입자 가속기를 활용할 수도 있겠죠. 하지만 아마도 뜻밖의 놀라운 발견이 대부분일 것입니다.

— 향후의 실험적 과제로는 어떤 것들이 있을까요?

실험적 과제와 이론적 과제가 혼재되어 있습니다. 서로 경쟁 관계라고 할 수 있죠. 차세대 망원경이 설계된 대로 잘 작동하게 하는 것은 기술적으로도 재정적으로도 어마어마한 도전 과제가 될 것입니다. 비용을 감당할 수 있는 선에서 실험을 통한 진전을 이루어내는 것이 매우 중요합니다.

— 교수님은 기후 변화와 관련된 문제들을 이해하고 해결하는 것이 중요하다는 의견을 종종 밝히신 바 있습니다. 아직도 지구 온난화가 별로 큰 문제가 아니라고 생각하는 사람들이 있다면 어떻게 그들을 설득하시겠습니까?

키리바시에서 한 달간 휴가를 보내게 하겠습니다. 그러면 해수면이 상승했을 때 처음으로 집을 잃게 될 사람들과 함께 지내는 경험을 할 수 있을 겁니다. 키리바시로 가는 길에 산불로 타버린 호주의 시골과 백화 현상이 나타난 산호초를 둘러볼 수도 있겠지요.


—　　**리더가 된다는 것은 어떤 의미입니까?**


모든 사람이 리더인 동시에 팔로워입니다. 올바른 일이 무엇인지 깨달을 수 있도록 도와줌으로써 다른 사람들을 이끌어줄 수 있습니다.

### Chapter 18

# 리더십은 사회를
# 어떻게 변화시키는가

로저 마이어슨

Roger B. Myerson

---

철학자인 당신은 행운아라네.
참을성이 많은 종이 위에 글을 쓰니까.
유감스럽게도 여제인 나는
살아 있는 인간의
예민한 피부 위에 글을 쓰네.

• 예카테리나 2세 •

— 로저 마이어슨 교수님의 노벨 전기를 보면 마지막에 이렇게 적혀 있습니다. "사회 제도가 어떻게 작동하는지, 어떻게 하면 더 나은 사회 제도를 설계할 수 있는지에 관해서 여전히 우리가 배워야 할 것들이 상당히 많다."[36] 이 글은 2007년에 작성하셨는데요, 지역적 차원 및 전 세계적 차원에서 어떻게 하면 오늘날의 사회와 미래의 사회를 더욱 잘 설계할 수 있을까요?

여러 가지 이유로 나는 우리가 연방정부의 권력을 여러 층위의 정부에 분배하는 것의 중요성을 과소평가한다고 생각하게 되었습니다. 개발에 실패한 나라들, 그리고 근본적인 정치적·사회적 문제가 있는 나라들은 헌법에 따른 국가 지도자와 지방 지도자 간의 권력 공유 문제를 해결하지 못한 나라들입니다. 다시 말해서 세계에는 과도하게 중앙집권화된 국가들이 있습니다.

가장 간단하게 말하자면 경제학의 산업조직론을 통해서 설명할 수 있습니다. '불완전 경쟁 시장' 이론인데, 소수의 공급자가 경쟁하는 상황에서 우리가 물건을 구입하는 시장을 의미합니다. 소비자가 대안을 택할 수 있으므로 독점은 아니지만, 이상적인 완전 경쟁도 아닙니다. 소수의 대기업이 우리에게 제품을 판매하기 위해서 경쟁합니다. 어쩌면 경쟁 시장을 만드는 데 중요한 것은 시장에 참여하는 기업의 수가 아닐 수도 있습니다. 시장에 있는 기업들이 담합을 통해서 독점에 해당하는 행동을 취할 경우 새로운 기업이 쉽게 시장에 진입해서 낮은 가격으로 제품을 판매하고, 기존의 기업들이 가격을 낮추기 전에 시장 점유

율을 확보하고 수익을 얻을 수 있는지가 중요합니다. '낮은 진입 장벽', 즉 새로운 기업이 얼마나 쉽게 시장에 진입할 수 있는지가 가장 중요한 결정 요인이라고 말할 수 있습니다.

그러면 이런 개념을 정치에 적용해봅시다. 미국과 영국의 선거제도는 양당제를 장려합니다. 마치 독점과 아주 유사한 것처럼 보일 수도 있습니다. 다수의 당이 존재하는 비례대표제에 비해서 경쟁이 부족해 보입니다. 두 개의 정당은 경쟁의 혜택을 달성하고 경쟁을 통해서 얻을 수 있는 대다수의 이점을 확보하기에 충분할까요? 다시 말하지만 '진입장벽'의 문제입니다. 언론의 자유는 진입장벽을 낮춰서 현재 집권 중인 정치 지도자가 부패할 경우 새로운 정치 운동을 쉽게 조직할 수 있도록 하기 위한 것입니다.

국가 아래의 지방정부 역시 국제 정치의 진입장벽을 상당히 낮추는 역할을 했습니다. 특히 미국의 역사를 살펴보면 그렇습니다. 지방에서 선출된 주지사나 시장에게 중요한 책임을 부여하고 공직을 수행하도록 함으로써, 본인의 능력을 증명하고 더 높은 직위에 올라가기 위해 경쟁할 수 있도록 하는 것입니다.

지난 세대에 민주주의가 여러 국가에 전파되었지만 지금은 실망스러운 결과가 발생하고 있습니다. 처음에는 유권자들이 스스로 지도자를 선택하고 이전에 잘못을 저질렀던 지도자를 거부할 수 있게 되어 매우 기뻐했습니다. 하지만 선거 사이클을 몇 차례 겪고 나니까 좋은 지도자를 찾을 수 없다는 사실을 깨닫게 되었습니다. 결국 민주적인 절차를 거치기는 했지만, 똑같이 부패하고 공무를 제대로 수행하지 않는 지도자들을 선출했습니다.

단지 후보자를 선택할 기회만 있으면 되는 것이 아니라, 후보자들이 공무 수행 능력에 대한 평판을 쌓도록 해야 합니다. 특히 미국의 역사를 되짚어볼 때 유권자들의 눈에 국가 차원의 주요 정당이 똑같이 부패한 것처럼 보였던 시기가 몇 차례 있었습니다. 그래서 유권자들은 모든 국가 정당들에 대해 환멸을 느꼈습니다. 이런 상황이 발생했을 때 대다수의 경우에는 주지사로서 자신이 맡은 주에서 뛰어난 업무 수행 능력을 보여준 사람이 수도 바깥에서 온 강력한 대통령 후보가 되었습니다. 즉, 국가 아래의 지방정부에 권한을 양도하고 중앙에서 임명된 것이 아니라 지역에서 선출된 시장과 주지사에게 주요 책임을 맡김으로써 국가 차원의 정치가 더욱 경쟁력을 갖출 수 있게 하려는 것입니다.

그러므로 중앙집권화된 국가의 지도자들에게는 지방 및 지역 정부에 권한을 양도할 이유가 없습니다. 지방의 지도자들이 훗날 국가 차원의 지도자 자리를 노리는 강력한 후보자가 될 수 있다는 사실을 알고 있기 때문입니다.


— **그렇다면 앞으로 선거 규정이 어떻게 바뀌어야 할까요?**


승자독식 선거에서 한 명 이상의 후보자에게 투표하는 것을 허용한다면 여러 측면에서 선거의 경쟁력이 더욱 높아질 것입니다. 이런 방식을 '승인 투표제approval voting'라고 하는데, 상당히 간단한 개혁입니다. 특히 대통령 예비선거 등을 고려하면 이런 방식으로 선거를 실시하는 편이 확실히 더 낫습니다.

　　게임이론을 연구하는 학자로서 나는 게임의 법칙이 중요하다고 생각합니다. 정부의 여러 층위에 걸쳐서 권력을 분산하는 것의 중요성에 관해서는 이미 말씀드렸습니다. 어떤 선거 시스템하에서든 연방 권력의 분산이 매우 중요합니다. 그리고 대통령제와 의원내각제의 문제도 살펴봐야 합니다. 미국 연방정부는 양원제 대통령 민주주의제로 어려움을 겪고 있습니다. 내 생각에는 영국의 의회제도가 훨씬 나은 것 같습니다. 영국에서는 규모가 큰 지역 차원보다는 카운티 차원의 지자체로 권한을 양도할 필요가 있습니다. 규모가 큰 지역의 경우 영연방에서 탈퇴해 자체적으로 '국가'를 수립할 가능성이 있기 때문입니다. 하지만 나는 대통령제와 의원내각제에 관해 진지하게 고민하는 사람들이 개인적으로 덜 친숙한 제도를 선호한다는 것을 알고 있습니다. 아마도 의회 민주주의제하에서 살아가는 사람들은 대통령 민주주의제의 장점과 미덕을 나보다 더 잘 파악할 수 있을 것입니다.

—　　전 세계의 수많은 국가에서 정치와 정치인에 대한 신임과 신뢰가 역대 가장 낮은 수준을 기록하고 있습니다. 더 많은 사람이

다시 정치적인 삶에 참여하도록 독려하려면 어떻게 해야 할까요? 직접 민주주의가 우리의 미래일까요?

폭넓은 관점에서 이야기하자면, 내가 지난 20년 동안 주로 연구하고 조사한 분야는 리더십의 생태학입니다. 직접 민주주의를 떠올리면 가장 먼저 드는 생각은 여기에 여전히 리더십이 포함되어 있다는 점입니다. 누군가는 질문 목록을 만들어야 합니다. 수백여 명의 사람들이 한꺼번에 장황하게 이야기를 늘어놓는다면 다 들을 수가 없기 때문입니다. 어쩌면 무작위로 선정한 사람이 우리 마을의 예산에 관해 발의하도록 해야 할 수도 있습니다. 예산이나 법률의 주요 변화와 같은 문제에 대해 의견을 낼 수 있는 권리는 엄청난 권력입니다. 주민총회에서 그런 제안을 할 때는 대다수의 사람이 진지한 대접을 받지 못할 것입니다. 그러면 누가 지도자일까요? 누가 안건을 조정할까요? 이런 질문들이 정말로 중요합니다. 서로 다른 층위의 정부 간에 일어나는 의사소통을 파악함으로써 어느 단계의 정부는 다음 단계에 올라갈 수 있는 지도자를 만들어낼 수 있습니다.

　이러한 관점에서 살펴볼 때 주민총회가 국가의 정치 체계에 핵심적인 역할을 담당할 수도 있습니다. 나는 스위스에 방문했을 때 이런 광경을 목격한 적이 있습니다. 스위스에서는 마을 주민들이 한자리에 모여서 정치적인 문제들을 논의하는 전통이 있습니다. 주민들이 다 모이지는 못하더라도 최소한 핵심 구성원들은 이 자리에 참석합니다. 넓게 보면 시민 지도자라고 할 수 있겠죠. 그런 회의가 존재하는 곳에서는 어떤 결정을 내리는지 보다 주민총회가 사람들이 자신의 능력을 증명할 수 있고 더 높은 자리에 출마할 수 있게 해주는 첫 번째 단계 역할을 한다는 사실이 더욱 중요하다고 볼 수 있습니다. 대중 민주주의가 사람들에게 힘을 실어준다고 봐야 하는 것은 아닙니다.

여기서 중요한 것은 '사람들이 어떻게 지도자가 되는가'입니다. 어떻게 하면 모든 층위의 지도자들을 파악할 수 있을까요? 그리고 어떻게 하면 그들이 하위 단계에서 자신의 능력을 인정받고 있는 사람들과 경쟁하게 만들고, 자기가 맡은 업무를 제대로 수행하지 못하면 지위를 상실하게 만들 수 있을까요? 나는 직접 민주주의가 만병통치약이라고 생각하지는 않습니다. 시민들에게 투표권을 부여하고 후보자들이 출마할 권리를 누릴 수 있게 하는 데 훨씬 관심이 많습니다. 그리고 증명된 차기 지도자들이 어디에서 나타날지에 대해 분명하게 생각하고 있습니다.

— 교수님은 2008년에 이런 글을 쓰셨습니다. "전 세계의 평화를 유지하지 못한다면 지구의 제한된 자원을 공유하고 세계의 번영을 구축하는 일은 불가능할 것이다."[37] 어떻게 하면 이런 목표를 달성할 수 있을까요?

지금까지는 상당히 잘해왔다고 생각합니다. 제2차 세계대전 이래로, 또는 끔찍한 핵무기 경쟁의 영향 때문인지 이제 정복 전쟁은 전 세계적으로 완전히 용납 불가능한 행위가 되었습니다. 세계적인 기준이 발전했습니다. 지금 우리가 살아가는 시대의 가장 심각한 우려 사항은 빈곤국과 통치 불가능한 국가에서 활동하는 비非국가 단체들의 영향을 받은 테러 공격입니다. 국가 안보와 관련하여 가장 걱정되는 일이 그 정도 수준이라면 거의 '황금시대'라고 할 수 있습니다. 이보다 더 심각한 우려 사항이라면 군사적 경쟁 관계, 궁극적으로 세계에서 가장 부유하고 강력하고 생산성이 높은 국가들의 활발한 군사 충돌을 들 수 있습니다. 세계에서 가장 생산성이 높은 국가들 간에 전쟁이 발생한 것은 제2차 세계대전이 마지막이었습니다. 전쟁의 파괴력은 어마어마했고 수많은 사람이 고통받았습니다. 당시에 우리는 현재 세계에서 벌어지고 있는 그 어떤 갈등과도 비교할 수 없을 만큼 모든 면에서 천문학적으로 큰 대가를 치렀습니다.

다른 국가의 사람들은 내가 미국 시민이기 때문에 미국이 지배적인 초강대국으로 군림하는 세계에 대해 그다지 걱정하지 않을 거라고 생각할 수도 있겠지요. 두 개의 초강대국이 있는 세계는 상당히 위험하다는 것이 증명되었습니다. 5대 주요 군사 강대국 간에 권력의 균형이 이루어진다면 더 낫겠지만, 1보다 큰 그 어떤 숫자도 안정성을 지닌다고 말할 수는 없습니다. 초강대국이 두 개였던 시대에 우리는 양쪽이 막대한 자금을 들여서 위험한 무기를 비축하다가 결국 너무나도 강력해져서 지구상에 있는 모든 다세포생물의 생존을 위협할 뻔한 상황을 경험했습니다. 그건 정말 미친 짓이었습니다. 모스크바와 워싱턴에서는 상대국

리더십은 사회를 어떻게 변화시키는가

이 얼마나 많은 비용을 투자하고 있는지, 얼마나 위험한 무기 시스템을 갖추고 있는지에 대해 계속 떠들어댔고 이에 맞서기 위해서는 조금이라도 더 위험한 무기 시스템에 더 많은 돈을 들여야 한다고 주장했습니다. 그런 논리는 추천하고 싶지 않습니다.

1991년부터는 미국이 유일한 초강대국이었는데, 이유는 모르겠지만 다른 여러 국가보다 군사 무기에 더 많은 비용을 투입했습니다. (어쩌면 전 세계 다른 나라의 국방비를 모두 합친 것보다도 많을 겁니다.) 이러한 권력은 전 세계 다른 국가들의 관용과 존중하에서만 행사해야 한다는 점을 지도자들, 그리고 궁극적으로는 투표권을 지닌 미국 시민들이 이해해야만 세계 평화가 유지될 수 있을 것입니다. 즉, 미국은 세계의 다른 국가들이 판단할 수 있도록 반드시 국제법에 의거해서 지배적인 군사력을 행사해야 한다는 뜻입니다. 이는 미국이 국제사회의 판단을 따라야 한다는 의미이기도 합니다. 미국이 더 크고 성능이 더 좋은 무기에 막대한 자금을 투입하는 것이 아니라 다른 방식으로 위대한 국가가 된다면, 그쪽이 전 세계를 위해서도 더욱 바람직할 것입니다. 국방비 투자만으로는 효과가 없을 겁니다.

미국은 국제법에 따라 이러한 통제력을 행사해야 합니다. 만약 원칙이 명확하게 적시되어 있지 않다면 국가 지도자들이 서서히 재협상을 시도할 수 있을 것입니다. 협상 과정에 세계 각국의 여론을 반영해야 하며 천천히 진행해야 합니다. 그리고 매우 예측 가능한 방식으로 행동할 필요가 있습니다. 만약 미국이 예상치 못하게 갑자기 공격을 실시하고 파괴를 자행한다면, 다른 나라들은 미국에 맞서 자국을 방어하기 위해 훨씬 더 많은 GDP를 무기에 투자하기 시작할 것입니다. 그러면 다시 똑같은 문제가 발생하는 상황으로 되돌아가게 됩니다. 버락 오바마 대통령이 노벨 평화상을 수상한 후에 미국의 유권자들에게 군사 강대국이 세계를 위협하지 않는 존재가 되어야 한다는 점에 대해 연설을 했더라면 좋았을 것 같습니다. 자국의 힘을 행사하는 데 억제 수단이 있어야만 미국이 세계를 위협하지 않는 존재가 될 수 있습니다. 단지 미국의 유권자들만이 아니라 전 세계가 판단할 수 있도록, 법률과 국제적 기준의 제한을 받아야만 합니다.

— 교수님께서는 바이마르 공화국의 기반에 관해 연구하신 적이 있습니다. 그런 연구를 통해 얻은 주된 교훈이 있다면 무엇일까요?

나는 사회과학자이자 이상주의자입니다. 20세기의 커다란 위기들에서 배움을 얻는다면 더욱 안전한 세계를 만들 수 있을지 궁금했습니다. 예를 들어 1919년에 존 메이너드 케인스는 제1차 세계대전 말미에 체결된 베르사유 조약에 참여했습니다. 위대한 사회학자인 막스 베버는 황제 몰락 이후에 전후 독일의 공화국 헌법을 제정하기 위해서 바이마르 공화국을 세운 사람들과 협의했습니다. 당시에 작성한 문서에는 분명 결함이 있었고, 그로 인해서 이후에 나치즘이 부상하고 제2차 세계대전이 발발하게 되

리더십은 사회를 어떻게 변화시키는가

었습니다. 제도적이고 구조적인 전후 협상에 참여한 사회과학자들과 정치인들이 가장 우려했던 결과가 발생한 것입니다.

　나는 바이마르 헌법에 문제가 있었을 것이라는 생각이 들었습니다. 독일 사람들이 1919년에 처음으로 황제 없이 새로운 헌법을 채택할 당시에 바이마르 헌법의 준₩대통령제에 결함이 있었다는 점을 밝혀내고 싶었습니다. 그들은 세계 각국이 의회 민주주의제 또는 입헌 민주주의제를 도입한 것을 보고, 이 두 제도의 최대 장점을 합친 체제인 준대통령제를 만들어내기 위해 노력했습니다. 그런데 두 가지의 최대 장점을 합치려면 이론이 필요합니다. 그렇지 않으면 혹시 두 가지의 최대 단점을 합한 것은 아닌지 어떻게 알 수 있겠습니까? 실제로 두 제도의 최대 단점을 합치는 데 성공한 것인지도 모릅니다. 그러나 결국 나는 바이마르 헌법의 결함이 나치즘의 부상으로 이어진 것은 아니라고 생각하게 되었습니다. 독일 사람들이 과격한 군국주의 정치운동에 힘을 실어준 결정적 원인은 베르사유 조약으로 인한 배상금이었습니다. 결과적으로 유럽과 전 세계에 전쟁이 발발하는 최악의 상황이 발생했습니다. 바이마르 헌법의 결함이 무엇이든 간에 그 결함이 여기서 결정적인 역할을 한 것은 아니었습니다.

　아돌프 히틀러는 분명 위험하고 병적인 인물이었습니다. 오토 폰 비스마르크의 생애를 살펴보면 그 역시 은밀하게 권력에 집착했던 것처럼 보이지만, 그가 독일을 다스릴 때는 본인의 직무를 상당히 잘 수행했습니다. 그래서 독일 사람들이 위험할 정도로 권력에 집착하는 자가 나라를 이끄는 것에 대해서 그다지 걱정하지 않았는지도 모릅니다. 물론 아돌프 히틀러는 비스마르크와는 상당히 다른 인물이었습니다. 히틀러는 피에 굶주린 과격한 자였고 권력 투쟁에 이끌린 사람이었습니다. 일반적으로 우리는 과격하거나 피에 굶주린 사람이 국가를 다스리길 원하지 않습니다. 그런 사람은 우리나 우리의 형제, 아들, 남편을 전쟁터로 내보내서 죽게 만들 것이기 때문입니다. 하지만 그가 얼마나 극단적인 사람이었건 간에 히틀러는 한 명의 개인에 불과합니다. 여기서 중요하고 근본적인 질문은 바로 '독일 사람들은 왜 히틀러 같은 사람이 자국의 지도자가 되는 것을 지지했을까?'입니다.

우리는 이러한 질문에 대한 답을 알아둘 필요가 있습니다. 특히 우리보다 더 강력한 주변국에서 그런 상황이 발생하는 것을 원치 않기 때문입니다. 나는 이 질문에 대한 답이 우리가 속한 국가의 존재와 번영에 상당한 위협을 제기할 수 있다고 생각합니다. 만약 독일이 제1차 세계대전 이후의 합의에 따른 배상금을 지불하지 않는다면, 독일을 침공해서 국부國富를 강탈할 수도 있다는 암묵적인 위협이 존재했습니다. 그러나 이러한 위협은 매우 추상적이었고, 독일 정부가 향후에 배상금을 지불하겠다고 약속하자 라인란트 지역을 점령했던 연합군이 독일에서 철수했을 때는 더욱 추상적으로 변했습니다. 나치즘이 전국적인 운동이 된 것도 바로 그날이었습니다. 앞으로 두 세대에 걸쳐서 매년 GDP의 3~4퍼센트에 해당하는 금액을 지불하지 않으면 독일을 공격하겠다는 위협은 정치 토론의 주제가 되었습니다. 하지만 즉각적인 위협은 아니었습니다. 그런 위협을 실행하는 주체가 될 연합군이 갑자기 철수했기 때문입니다. 그때 독일 사람들은 적군과 국민들로부터 그런 위협을 무사히 떨쳐낼 수 있었습니다. 그들은 독일 국민이 군비 경쟁을 약속한 피에 굶주린 지도자를 선택했고, 전쟁이 발발할 가능성이 있다는 사실을 밝혔습니다. 어떤 국가를 점령하면 가장 낮은 수준까지 정치를 깊이 통제하거나, 그 나라의 자주성을 존중해야 합니다.


— 교수님은 게임이론 분야의 핵심적인 학자입니다. 많은 사람이 영화 〈뷰티풀 마인드〉를 관람했는데, 안타깝게도 게임이론에 대해서 아는 내용은 이 영화가 전부인 경우가 많습니다. 사람들이 게임이론에 대해서 거의 아는 바가 없는 이유는 무엇일까요?

그 영화에는 존 내시John Nash가 훌륭한 아이디어를 얻는 장면이 나오는데, 내가 보기에 그 인물이 떠올린 아이디어는 정말 끔찍했습니다. 친구들한테 여자 네 명에게 다가가보라고 조언하는데, 그건 내시 균형이 아닙니다. 그러니까 전혀 말이 안 되죠. 등장인물이 실제로는 논리적으로 말이 안 되는 아이디어를 냈다는 식으로 묘사하면 관객은 그 사람이 천재라고 쉽게 믿을 수도 있습니다. 어떤 과정을 거쳐서 그런 결론에 도달했는지를 우리는 이해할 수 없기 때문입니다. 그러나 존 내시의 실제 업적은 갈등과 협력의 기본적인 논리를 나타내는 일관된 수학적 체계를 찾아낸 것입니다.

젊은 시절에 존 내시가 매우 짧은 기간 동안 경제학과 사회과학에 지대한 기여를 한 것은 사실입니다. 학생들이 자신의 분야에서 획기적인 발견을 하고 논문을 쓰는 사례는 거의 없습니다. 그런 논문을 발표하는 사람은 대개 학교를 졸업한 지 5년에서 8년이 지났고 몇 년간의 강의 경력을 쌓은 경우가 많습니다. 그들은 논리의 결점을 찾아내고 다른 사람들의 견해에 대해 알아보고 자기가 어떤 평가를 받게 될지 생각합니다. 존 내시는 딱 맞는 시점에 뛰어난 아이디어를 제시한 몇 안 되는 사람 중 하나입니다. 영화에도 묘사되어 있지만, 그가 학생 시절에 훌륭한 아이디어들을 낸 것은 사실입니다. 그 이후에는 정신적으로 심각한 병에 시달렸고 결국 자신의 분야에서 계속 활동할 수가 없었습니다.

나는 그가 떠나고 바로 몇 년 후에 게임이론이라는 분야를 연구하게 되었습니다. 스무 살 이전에는 게임이론에 관해서 아무것도 아는 게 없었습니다. 그 이후로 20년 동안은 내시의 아이디어를 연구했습니다. 그때도 내시가 살아 있기는 했지만 그를 만나길 기대할 수는 없었습니다. 마치 율리우스 카이사르나 크리스토퍼 콜럼버스를 만나길 기대할 수 없었던 것처럼요. 그런데 그다음 20년 동안에는 그가 다시 돌아왔습니다. 나는 그와 친분을 쌓을 수 있었고 그건 정말 깜짝 놀랄 만한 일이었습니다. 영화를 보면 그가 대단한 업적을 세웠지만 학계에서 사라졌기 때문에 본인이 기여한 바에 대해서 인정받지 못한 것처럼 보입니다. 가끔 그는 자기만의 세계에 빠져들곤 했습니다. 머릿속에서 들려오는 목소리들의 부름을 받았죠. 우리는 그에게 존경을 표할 수 있었습니다. 또 그래야만 했고요.

그러다가 그는 내가 상상하지도 못했던 방식으로 또다시 사라져버렸습니다. 권위 있는 상을 받고 돌아오는 길에 교통사고로 세상을 떠났지요.

존 내시의 인생은 마지막까지 위대한 업적과 비극으로 점철되었습니다. 더욱 행복한 삶을 누릴 수 있었다면 좋았을 텐데 안타깝습니다. 그는 인정받는 것을 즐겼지만 엄청난 고통을 받았습니다. 위대한 일을 해내려면 집중해야만 합니다. 집중하려면 어느 정도의 자기 성찰이 필요한데, 사람들에게 그런 모습을 드러내면 미쳤다는 소리를 들을 수도 있습니다. 험난한 인생 역정 때문에 내시가 창의적인 지성인의 고통을 상징하는 대표적인 인물로 여겨져서 유감스럽습니다. 그의 인생 이야기는 믿기 어려울 만큼 놀랍지만, 차라리 그렇게 파란만장한 삶을 살지 않았다면 내시 자신과 그가 사랑했던 사람들에게는 더 낫지 않았을까 싶습니다. 내 인생은 그렇게 놀라운 이야기가 되지 않았으면 좋겠습니다. 그저 평범하고 심심한 삶이 더 좋습니다.


— 아마도 심심하거나 지루한 이야기는 아닐 겁니다. 연구 분야를 바꾸셨으니까요.

나는 변화의 일부였고 변화에 기여했습니다. 우리의 가장 중요한 연구 성과는 스웨덴의 위원회가 언급한 '메커니즘 설계'와 '분배 메커니즘'이었습니다. 우리는 시장 또는 조직의 경제 시스템을 파악하고 이를 효율적으로 설계할 수 있는 원칙들에 관해 깊이 생각해보았습니다. 만약 사람들이 보유하고 있는 정보가 다르고 서로를 신뢰하는 데 어려움을 겪을 때는 사회적 효율성을 어떻게 이해할 수 있을까요? 이러한 질문에 답하기 위해서는 경제 분석에 유인 제약incentive constraint을 반영해야 합니다.

우리는 세계를 불완전하게 이해하며, 덜 불완전하게 이해하려고 애씁니다. 1970년대 이전에 경제 분석 원칙을 정리하던 경제학자들은 인간의 필요를 충족하기에는 자원이 한정되어 있다는 사실을 깨달았습니다. 석유의 양이나 숙련된 의사의 수, 대기의 용량 등 자원에는 제약이 있습니다. 자원 제약은 경제학 이론의 핵심 개념입니다. 예전의 경제학자들은 이러한 제약이 시장 가격과 수학적으로 관련이 있다고 생각했습니다.

그러나 1980년대 이후에는 대다수의 경제학자가 자원 제약과 함께 유인 제약도 고려하게 되었습니다. 자원의 희소성뿐 아니라, 누가 어떤 일을 하는지를 다른 사람들이 반드시 확인할 수 있는 것은 아닙니다. 예를 들어 어떤 투자 프로젝트의 잠재적 가치에 대한 정보를 가지고 있는 사람이 있다고 합시다. 사적 정보이기 때문에 다른 사람들은 그 프로젝트의 가치가 얼마나 큰지 알지 못할 수도 있습니다. 우리의 필요needs와 욕구wants를 다른 사람들이 반드시 확인할 수 있는 것은 아니며, 각자 알고 있는 정보가 다르면 사람들은 정직하게 행동하지 않기도 합니다. 본인이 알고 있는 것과 원하는 것, 필요로 하는 것에 관해 이기적인 태도로 말할 수도 있습니다. 만약 사람들에게 자신의 능력만큼 기여해달라고 부탁하고, 그들이 필요로 하는 만큼 제공하겠다고 말한다면, 아마도 그들은 필요한 것이 많고 자신이 지닌 능력은 별로 없다고 답할 것입니다. 따라서 우리는 그들이 자신의 진정한 능력을 드러낼 수 있도록, 그리고 자신의 필요와 사회를 향한 요청에 대해서는 겸손한 태도를 보여줄 수 있도록 유인을 제공해야 합니다.

그렇다면 이러한 종류의 제약을 어떻게 충족해야 할까요? 효율적으로 설계된 사회 시스템에는 이런 측면이 반영되어 있습니다. 자원 제약과 유인 제약을 충족해야 하지만 반드시 자유 시장이어야 할 필요는 없습니다. 지금 나는 여러 가지 제약과 다른 정보를 지닌 사람들이 타인과 정보를 공유하려는 의향에 대해 상당히 추상적으로 설명했습니다. 그동안 그 논리에 대해서 생각해보았고 경매를 비롯한 여러 분야에 적용해보았습니다. 일반인들은 추상적인 단계에 별로 관심이 없겠지만, 나에게는 수학적 추상화 단계가 매우 큰 도움이 되었습니다. 이를 통해서 각기 다른 분야의 적용 사례를 연결해주는 근본적인 원칙들을 파악할 수 있었기 때문입니다. 나는 지금까지 이런 문제들을 연구해왔습니다. 나처럼 이론을 연구하는 학자들은 이런 일을 합니다.

예를 들어 은행 및 여러 금융기관이 존재하는 이유는 이들기관이 예금주들보다 어디에 자금을 투자할지에 대해 더 나은 정보를 보유하고 있기 때문입니다. 근본적으로 노후 대비 자금을 은행이나 다른 금융기관에 예치하는 행위는 각기 다른 정보를 보유하고 있고 서로를 신뢰하기 어려워하는 사람들 간의 거래에 해당합니다. 따라서 은행 업무에 대한 이론은 우리의 혁신적인 유인 제약 연구가 없었다면 존재하지 못했을 것입니다.

이렇게 혁신적인 연구의 기본 원칙들은 내가 대학원생이었던 1970년대에 개발되었습니다. 근본적인 혁신이 일어나던 시기를 직접 경험할 수 있었지요. 1980년대 초까지는 금융을 연구했던 경제학자들이 게임이론을 활용해서 금융중개와 관련된 이론들을 개발하기 시작했습니다. 오늘날 우리는 근본적인 차원에서 금융 규제를 재고해볼 필요가 있습니다. 1970년대 이전에는 분석 원칙이 존재하지 않았고, 지난 금융위기 때 비로소 거시경제학의 기반을 재고하기 시작했습니다. 오늘날의 거시경제학자들은 밀턴 프리드먼과 존 메이너드 케인스와는 사뭇 다르지만, 그 시기로 거슬러 올라가는 전통을 이어가고 있습니다. 존 메이너드 케인스는 응용된 방식으로 은행을 이해했지만, 그의 이론에는 은행에 관한 언급이 없습니다. 나는 우리가 지금까지와는 달리 금융기관과 금융중개기관을 중심으로 거시경제학 이론을 재편할 수 있기를 바랍니다. 1970년 이전에는 거시경제학 이론에 은행이 거론되지 않았지만, 오늘날의 거시경제학 이론들은 은행을 다루고 있습니다. 물론 그렇다고 해서 우리가 금융위기를 해결하거나 피할 수 있는 방법을 아는 것은 아닙니다. 그러나 나는 최근의 금융위기로 촉발된 연구가 앞으로 더 나은 정책을 수립하고 시행하는 데 도움이 될 거라고 생각합니다.

— 브리태니커 백과사전에는 이렇게 적혀 있습니다. "가장 간단하게 설명하자면 메커니즘 디자인 이론은 모든 참여자의 이익을 극대화할 수 있는 방식으로 시장 여건을 시뮬레이션하고자 한다. 시장 내의 구매자와 판매자는 상대방의 동기나 야심을 거의 알지 못하므로, 정보의 비대칭으로 인해서 자원이 사라지거나 잘못 분배될 가능성이 있다. 마이어슨은 재화와 용역에 얼마를 지불할 의향이 있는지를 사실대로 알려주는 구매자들에게 유인을 제공하는 표출 원리revelation principle를 제안함으로써 이 문제를 해결했다."[38] 어떤 사회적 선택 절차가 사실을 이끌어낼 가능성이 가장 클까요?

만약 내가 어떤 주장을 한다면 상대방은 내가 그 주장이 사실인지를 증명하고 나의 진심을 보여주기 위해 무언가를 하길 바랄 것입니다. 이것을 '값비싼 신호'라고 부릅니다. 최적화된 값비싼 신호의 수학적 측면은 상당히 명확합니다. 즉, 내가 정직하게 대답한다면 가격이 최대한 저렴해지겠지만 거짓말을 한다면 최대한 비싸질 것입니다. 이상적으로 생각할 때 내가 정직하게 대답하면 가격이 아예 0에 수렴할 것입니다. 이론적으로는 그렇다는 것입니다. 마이클 스펜스Michael Spence의 교육 이론은 사람들이 교육에 많은 돈을 투자하는 이유를 이렇게 설명합니다. 교육과정을 성공적으로 이수한 사람은 나중에 직장에서도 성실하고 책임감 있게 일하고 뛰어난 역량을 발휘할 것으로 기대되므로 취직에 성공할 가능성이 더 높아집니다. 단지 어려운 교육과정을 이수했을 뿐 업무와 관련된 실질적인 훈련을 받지 않았는데도 말입니다. 반대로 좋은 학력을 갖추지 못한 사람은 나중에 취직했을 때도 불성실하고 책임감이 부족할 것으로 여겨집니다.

— 　마이클 스펜스는 2001년에 노벨상을 수상했지요.

나는 내가 받은 교육이 훈련의 일환이었다고 믿고 싶습니다. 교육이 단지 사람을 시험하는 것이 아니라 실제로 생산성을 높이는 데 꼭 필요한 능력을 향상하는 역할을 한다고 생각합니다. 하지만 어쩌면 우리 사회를 이끌어나갈 미래의 훌륭한 지도자들을 판별하는 기능도 담당하는 것 같습니다.

### Chapter 19

# 에덴동산을
# 떠나지 않았다면

로버트 솔로

Robert M. Solow

---

그 병은 전해지지 않을 메시지와 함께 바다로 떠내려갔고,

그 병이 제기한 문제는 간단한 수식으로 정리되었다.

수학의 규칙에 따르면 1+1=2이지만,

연애의 규칙에 따르면 1이 된다.

• 오 헨리 •

— 로버트 솔로 교수님은 역사상 가장 중요한 경제학자 중 한 분입니다. 교수님께서 경제학을 연구하게 된 계기가 결혼 전에 사모님께서 본인이 들었던 경제학 강의가 좋았다며 긍정적인 피드백을 해주셨기 때문이라고 들었는데, 정말 그렇습니까? (사모님은 훗날 경제사학자가 되셨습니다.)

실은 결혼 전이 아니라 결혼하고 이틀째 되는 날이었습니다. 당시 나는 전쟁에서 막 돌아왔고 군에서 즉시 제대하게 되었습니다. 남은 학업을 마쳐야 하고 연구 분야를 택해야 하는 상황이었죠. 사회 문제에는 예전부터 늘 관심이 있었지만 보다 구체적인 분야를 정할 필요가 있었습니다. 대개 그렇듯이 이번에도 역시 아내의 제안이 옳았습니다.

— 교수님은 18세에 입대하셨고 1945년 8월에 제대하시기 전에 북아프리카와 이탈리아에 잠시 파병된 적이 있습니다. 그런 시절을 거치면서 어떤 것들을 배우셨나요?

진지하게 답변하자면 이야기가 너무 길어질 것 같네요. 그때의 경험을 통해 사기가 높은 집단에서 함께 일하는 것의 중요성을 깨달았습니다. 그러면 훨씬 더 많은 성과를 이루어낼 수 있고 더 행복한 환경에서 지낼 수 있습니다. '내 할 일을 잘하자!'라는 교훈을 얻었습니다.

— 　교수님은 미군이 나치 파시즘 치하의 로마를 해방하기 위해 도심에 진입하기 하루 전날 로마로 파견되었습니다. 그날 어떤 기분이 들었습니까? 어떤 광경을 목격했고 어떤 일을 하셨습니까?

대여섯 명의 친구들과 함께 6번 국도를 따라 걸어서 로마에 입성했습니다. 작은 광장에 있던 사람들이 우리를 환영해주었습니다. 모두가 부둥켜안고 반겨주었고 함께 레드 와인을 마셨습니다. 다음 날에는 파지아노라는 유명한 레스토랑에 갔습니다. 자리에 앉아서 메뉴에 있는 음식을 전부 다 주문했습니다. (우리한테는 리라가 있었습니다!) 당시에는 여자 친구였던 지금의 아내에게 50센티미터나 되는 긴 영수증을 찍은 사진을 보내주었죠. 하지만 그런 다음에는 부대로 복귀해야 했습니다.

— 　교수님은 1950년대에 통계학과 계량경제학 강의를 맡으신 이래로 학자로서 거의 평생을 매사추세츠 공과대학교에서 보내셨습니다. 바로 옆 연구실에는 훗날 노벨상을 수상한 저명한 경제학자인 폴 새뮤얼슨Paul Samuelson이 있었습니다. 두 분은 경제학에 대변혁을 일으켰고 평생에 걸쳐서 우정을 쌓고 협력을 지속했습니다. 교수님의 노벨 전기를 보면 '경제학과 정치학, 우리의 아이들, 그리고 양배추와 왕에 대해서'[39] 대화를 나누는 것이 일상이었다고 적혀 있습니다. 경제학과 정치학, 그리

고 자녀에 관한 부분은 이해가 갑니다. 그런데 여기서 뜬금없이 양배추와 왕은 왜 나올까요?

그 부분은 루이스 캐럴이 아이들과 어른들을 위해 쓴 유명한 시 〈바다코끼리와 목수〉에서 따왔습니다. 이 시에서 바다코끼리와 목수는 '수많은 것들things에 관해 이야기'합니다. 여기에는 여러 단어가 등장하는데 '양배추와 왕cabbages and kings'으로 끝납니다. 아마도 그냥 'things'와 라임이 맞는 단어가 필요했던 것 같습니다!

— 그런 이유가 있었군요! 노벨 전기의 또 다른 부분을 인용해보겠습니다. 여기도 (스웨덴의) 왕에 관한 이야기가 있네요. "만약 제자들을 그렇게 열심히 지도하지 않았다면 아마도 과학 논문을 25퍼센트는 더 쓸 수 있었을 것입니다. 둘 중 어느 쪽을 선택할지는 고민의 여지가 없었고 나는 그런 결정을 후회하지 않습니다."[40] 교수님이 멘토링을 해준 제자 중에서 스톡홀름에서 노벨 경제학상을 받은 사람은 몇 명이나 될까요?

이름을 나열해보자면 조지 애컬로프George Akerlof, 피터 다이아몬드Peter Diamond, 폴 크루그먼Paul Krugman, 로버트 머튼Robert Merton, 로버트 먼델Robert Mundell, 로버트 실러Robert Shiller, 조지프 스티글리츠Joseph Stiglitz, 장 티롤Jean Tirole이 있습니다. 혹시

에덴동산을 떠나지 않았다면

깜박하고 빠뜨린 사람이 없어야 할 텐데요. 물론 그중에는 나와 더 가까이에서 함께 연구한 사람들도 있고 그렇지 않은 사람들도 있습니다.

— 노벨상을 수상한 제자가 무려 여덟 명이라니요! 틀림없이 세계 기록감입니다!

다 MIT 경제학부 덕분이지요. 사기가 높고 뛰어난 성과를 내는 집단을 잘 보여주는 사례입니다.

— 교수님은 기술 변화가 장기적인 경제 성장에 어떤 영향을 미치는지를 밝혀낸 공로로 1987년에 노벨상을 받으셨습니다. 교수님의 연구 내용을 이해하기 쉽게 설명해주시겠습니까?

장기적인 관점에서 볼 때 어떤 국가들이 다른 국가들에 비해 더욱 빨리 성장하는 이유는 무엇일까요? 모두가 그렇겠지만 나도 이 문제에 관심이 있었습니다. 이론을 수립해본 결과 놀라운 결론에 도달했습니다. 즉, 일반적인 조건하에서 근로자 1인당 생산량이 지속적으로 증가하게 만들 수 있는 유일한 원인은 기술 진보입니다. 근로자 1인당 더 많은 자본을 투입하더라도 결국에는 효과가 떨어집니다. 시간이 조금 흐른 뒤에 나는 국가의 기술 진보 속도를 (대략적으로) 측정하는 방법을 고안해냈습니다. 물론 다른 경제학자들도 연구를 진전시켰습니다.

— 교수님은 이런 말씀을 하신 적이 있습니다. "어떤 사람이 지금 당신에게 다가와서 자기가 나폴레옹 보나파르트라고 주장한 다고 가정해봅시다. 나라면 그 사람과 아우스터리츠 전투의 기병 전술에 관한 기술적인 논의는 절대로 하고 싶지 않을 것입니다. 만약 그렇게 한다면 그가 나폴레옹이라는 게임에 전술적으로 휘말리는 셈이기 때문입니다." 교수님의 인생에서 스스로 나폴레옹 보나파르트라고 주장하는 사람이 곁에 나타나는 것과 비슷한 일이 몇 번이나 있었나요?

그런 일은 한두 번밖에 없었던 것 같습니다. 하지만 그 정도면 충분하죠.

— 그동안 교수님의 고견을 듣고 싶어 하는 사람들이 많았습니다. 그중에서도 여러 미국 대통령들에게 자문 역할을 하신 적이 있는데요. 그분들에게 어떤 것을 가르쳐주셨습니까? 그리고 또 그들에게서 어떤 것들을 배우셨나요? 그리고 그분들은 교수님의 조언을 얼마나 따르셨나요?

에덴동산을 떠나지 않았다면

어떤 대통령이나 유력 정치인도 단지 경제학자나 전문가 한 사람의 이야기만 듣는 어리석은 일은 하지 않을 것입니다. 그러니나 자신보다는 직업으로서의 경제학자 전체에 대해 이야기하도록 하겠습니다. 내 생각에 우리는 좋은 정책이 이루어낼 수 있는 성과에도 한계가 있다는 점을 일부 정치인들에게 가르쳐준 것 같습니다. 이러한 한계는 경제 시스템이 작동하는 방식에 의해 결정됩니다. 더 많은 일을 이루어낼 수 있는 척하는 것은 아무런 소용이 없습니다. 우리는 그런 한계가 정확히 무엇인지는 모를 수도 있지만, 한 나라의 경제가 이런 한계에 근접했는지를 판단하는 방법은 대략 알고 있습니다. 완벽한 정책을 설계한다기보다는 나쁜 정책을 파악하고 그런 정책을 실시하지 않도록 조언하는 역할을 더 잘하는 것 같습니다. 한편 정치인들에게서 현실적이고 나름대로 괜찮은 정책이 비현실적이고 더 나은 정책보다 더 유용하다는 사실을 배웠습니다. 소비, 세금, 규제 등과 관련된 정책이 서류에 적혀 있는 그대로 실행되는 경우는 별로 없습니다.

— 　존 F. 케네디 대통령이 보고 내용을 들은 후에 추가적인 정보가
　　필요하면 교수님께 전화를 걸곤 했다는 것이 사실인가요?

꼭 나한테만 그런 것은 아니었습니다. 당시에 미국 경제자문위원회 위원장이었던 월터 헬러는 케네디 대통령에게 메모를 남길

때 누가 그 문제와 관련된 연구를 했는지를 종종 언급하곤 했습니다. 나일 수도 있고 아서 오쿤Arthur Okun이나 다른 사람일 수도 있었죠. 케네디 대통령은 실제로 그런 메모를 읽어보았습니다. 그중에서 불분명한 부분이 있거나 궁금한 점이 생기면 그 문제를 연구한 사람에게 전화를 걸어서 직접 물어보기도 했습니다. 흔히 있는 일은 아니었지만 가끔 그런 일이 있긴 했습니다.

— 더 많은 사람이 다시 정치에 참여하도록 독려하기 위해서는 어떻게 해야 할까요?

내가 그런 문제에 답변하기에 적절한 전문가는 아닙니다만, 미국에서는 정치에 대한 돈의 영향력이 지나치게 크고 때로는 위험한 방식으로 작용하는 것 같습니다. 선의를 지닌 일반 시민들은 자기가 중요하지 않다는 기분이 들거나 부적절한 방식에 익숙해져서 냉소적으로 변하게 됩니다. 권력이 부패하면 냉소와 무관심이 더욱 심해지기 때문에 걱정스럽습니다.

— 미래에는 직접 민주주의 시대가 올까요? 직접 민주주의의 장점과 단점은 무엇이라고 생각하십니까?

나는 직접 민주주의가 우리의 미래이기를 바랍니다. 직접 민주주의는 인간의 발달과 창의성의 여지를 허용하는 유일한 정치 체제입니다. 전제주의가 훨씬 효율적이라고 주장하는 사람들도 종종 있습니다. 하지만 비록 사실이라 하더라도 그건 중요하지 않습니다. 나쁜 목표를 추구한다면 효율성은 미덕이 아닙니다. 그런데 우리의 경험에 비추어 보면 전제주의는 그다지 효율적이지 않습니다.

— 보편적 기본소득에 대한 교수님의 견해는 어떻습니까?

보편적 기본소득의 구체적인 내용에 따라서 다릅니다. 금액이 얼마나 될까요? 어떤 자격을 갖춰야만 받을 수 있을까요? 재원은 어떻게 마련할까요? 일반론으로 말하자면 보편적 기본소득은 긍정적인 효과를 낼 수도 있고 다소 문제를 일으킬 수도 있습니다. 아마도 긍정적인 부분이 부정적인 부분보다 더 클 것입니다. 그런데 더욱 평등하고 민주적인 사회를 만드는 것을 목표로 한다면, 보편적 기본소득은 해결책의 일부에 불과하며 다른 제도적 변화가 더욱 중요할 수도 있습니다. 일례로 나는 항상 정치에 대한 돈의 영향력을 줄여야 한다고 주장해왔습니다. 부유층 자녀의 교육적 이점을 없애거나 최소화하는 방안도 있습니다. 그 밖에 다른 문제들도 있고요.

—     다른 문제들이라면 어떤 것을 말씀하시는 걸까요?

근로자의 대표권 및 단체교섭의 활성화, 도시의 보수 및 재건과 도시 주거 등이 있습니다. 특히 공공 분야의 고용을 통해서 이런 문제를 어느 정도 해결할 수 있을 것입니다.

—     불평등이 심화되면 정치와 사회에 어떤 영향을 미칠까요?

소득과 부의 심각한 불평등은 민주주의의 근간이 되는 시민의 평등을 필연적으로 저해합니다. 우리는 '돈으로 행복을 살 수는 없다'고 말합니다. 돈으로 행복은 못 살지 몰라도 정치적인 영향력과 권력, 궁극적으로 존중은 살 수 있습니다. 그리고 돈은 스스로를 영속화할 수 있습니다. 물론 심각한 불평등은 협소한 의미에서 과도한 저축 등의 경제적 문제를 유발합니다. 하지만 이러한 불평등이 정치 및 사회에 미치는 영향이 민주주의에 더욱 큰 위협이 된다고 생각합니다.

—     교수님은 60여 년 전에 경제 성장에서 기술의 중요성에 관한 이론을 정립하셨습니다. 미래에 기술은 사회와 취업 시장에 어떤 영향을 미치게 될까요?

에덴동산을 떠나지 않았다면

기술의 미래는 상당히 불확실하다고 생각합니다. 조만간 로봇이 모든 일자리를 대체할 거라는 흔한 우려는 조금 지나친 면이 있습니다. 그런 상황이 곧 발생할 가능성은 희박하며 어쩌면 아예 발생하지 않을 수도 있습니다. 하지만 가능성이 조금이라도 있다면 누가 로봇을 소유하는지, 누가 로봇으로 수익을 얻는지, 로봇이 어떤 일을 해야 하는지를 누가 결정하는지 아는 것이 중요합니다. 근로소득이 전체 소득의 극히 일부에 불과하다면 어떻게 평화롭고 민주적인 사회가 제 기능을 할 수 있을지에 대해 누군가는 반드시 고민해볼 필요가 있습니다.

— 교수님은 이런 말씀을 하신 적이 있습니다. "일반적으로 경제학을 정의하자면 희소한 자원을 대안적 용도에 배분하는 문제를 연구하는 학문이라고 말할 수 있다. 만약 아담과 이브가 에덴동산을 떠나지 않았다면 경제학자가 필요하지 않았을 것이다." 만약 그랬다면 상황이 더 나아졌을까요? 아니면 더 악화되었을까요?

다른 것들도 마찬가지겠지만 결국에는 선호의 문제입니다. 만약 에덴동산 같은 세상이 지속되었다면 인류는 가난, 노예제도, 전쟁 등 훨씬 더 많은 것들을 피할 수 있었겠지요. 하지만 그랬다면 아마 셰익스피어, 베토벤, 아인슈타인도 없었을 겁니다. 나라면 에덴동산을 선택했겠지만, 그런 세상은 지루할지도 모릅니다.

### Chapter 20

# 미래를 위한 서문

이제 우리는 미사여구로 가득한 선언에서
행동으로 넘어가야 합니다.

내가 오늘 이 자리에 참석한 이유는
여러분 모두에게, 특히 젊은 사람들에게 요청하고
간청하기 위해서입니다. 젊은 사람들이 절실히 필요합니다.
그들은 문제에 대처하고 해결할 수 있는 역량이
나이 든 사람들보다 훨씬 더 낫기 때문입니다.

우리는 행동을 취해야 합니다.
미사여구로 치장한 선언만으로는 부족합니다.
모두 완전히 지속 가능하고 필요한 일이겠지요.

이 모든 선언이 발표된 이후에도
사실상 아무것도 이루어내지 못했다는 것이 실망스럽습니다.

수없이 많은 선언에도 불구하고,
지금껏 단 한 발짝도 앞으로 나가지 못했습니다.

• 리타 레비몬탈치니, 린다우 노벨상 수상자 회의(1992)[41] •

─ 독자 여러분, 다음은 마리나 키건의 〈고독의 반대편The opposite of loneliness〉[42]이라는 에세이의 일부를 발췌한 것입니다. 마리나는 예일 대학교 출신의 미국 작가이자 극작가, 저널리스트였습니다.

하지만 한 가지는 확실히 해둡시다. 우리의 인생에서 최고의 시간은 아직 지나가버리지 않았습니다. 그 시간은 우리의 일부입니다. 그리고 우리가 성장하면서 뉴욕으로 이주하거나 뉴욕을 떠나거나 '뉴욕에 살았다면 좋았을 텐데' 또는 '뉴욕에 살지 않았다면 좋았을 텐데'라고 생각하는 동안에도 그런 시간은 계속 반복될 것입니다. 나는 서른 살이 되면 자주 파티를 열 계획입니다. 나이가 들어도 즐겁고 재미있게 살 예정입니다. 최고의 시간이라는 개념은 언제나 '……했어야 하는데', '만약 내가 ……했더라면', '그때 ……하지 못해서 아쉽다'는 클리셰에서 비롯됩니다.

물론 그랬더라면 좋았을 듯한 일들은 있습니다. 독서라든가 복도 건너편의 그 남학생처럼요. 우리에게 가장 가혹한 비평가는 바로 우리 자신이며 스스로를 실망시키기 쉽습니다. 지나친 늦잠, 해야 할 일을 미루는 버릇, 대충 하는 습관. 고등학교 시절의 내 모습을 돌이켜보면 이런 생각이 들 때가 한두 번이 아닙니다. '내가 그걸 어떻게 해낸 거지? 어떻게 그렇게 열심히 살 수 있었던 걸까?' 자기만 아는 마음속의 불안감은 언제까지나 우리를 따라다닐 것입니다.

하지만 사람은 누구나 그런 면이 있습니다. 아침에 일어나고 싶어서 일어나는 사람은 없습니다. 읽어야 할 책들을 전부 읽은 사람은 없습니다. (상을 받는 대단한 사람들을 제외한다면요.) 우리는 스스로에게 불가능할 정도로 높은 수준을 요구합니다. 아마도 미래의 자기 자신에 대한 완벽한 환상과 기대에 부응할 수는 없을 겁니다. 하지만 나는 그래도 괜찮다고 생각합니다.

우리는 아직 젊습니다. 너무나도 젊습니다. (…) 우리에게는 아주 많은 시간이 남아 있습니다. 파티가 끝난 후에 혼자서 누워 있을 때나 그냥 포기하고 외출하려고 책을 정리해서 가방에 넣을 때, 우리의 의식 속에는 '어쨌든 이젠 너무 늦었다'는 기분이 밀려들곤 합니다. 다른 사람들은 앞서가고 있다는 생각이 듭니다. 남들은 더 많은 것을 이루어내고 더 특별한 삶을 살아가고 있는 것만 같습니다. 세상을 구하고 뭔가를 만들어내거나 발명해내거나 향상시키는 길을 걷고 있는 것처럼 보입니다. 이제는 시작을 시작하기에는 너무 늦어버렸다는 생각이 들고, 지속이나 졸업 정도에 만족해야만 한다는 느낌이 듭니다.

우리가 예일 대학교에 입학했을 때는 가능성이 충만하다는 기분이 들었습니다. 그때는 뭐라 형언할 수 없는 어마어마한 에너지가 있었는데, 그런 에너지가 이제는 사라져버린 듯한 기분이 들기 쉽습니다. 우리는 선택할 필요가 없었는데 갑자기 선택에 직면하게 되었습니다. 우리 중에는 자기 자신에게 집중한 사람들도 있습니다. 이미 의대에 들어가거나 완벽한 NGO에서 일하거나 연구 활동에 참여하는 등 자기가 무엇을 원하는지를 정확하게 알고 그런 목표를 달성하기 위한 길로 나아가는 사람들이요. 그런 사람들에게는 축하의 인사를 건네는 동시에 너희들은 정말 형편없다는 말을 해주고 싶습니다.

그러나 대다수의 사람은 인문학의 바다에서 길을 잃고 헤매고 있습니다. 자기가 어떤 길 위에 서 있는지도 잘 모르고 어떤 길을 택했어야만 했는지도 잘 모릅니다. 만약 내가 생물학을 전공했더라면…… 신입생 때 저널리즘을 공부했더라면…… 이런저런 학과에 지원할 생각을 했었더라면…….

우리는 여전히 무엇이든 할 수 있다는 사실을 기억해야만 합니다. 우리는 마음을 바꿀 수 있습니다. 다시 시작할 수 있습니다. 학점 인정 과정post-bac(학사과정 이후 의대나 치대 입학 준비를 위한 학점 이수 과정—옮긴이)을 들을 수도 있고 처음으로 글쓰기를 시도해볼 수도 있습니다. 뭔가를 이루기에는 너무 늦었다는 건 말도 안 될 만큼 우스운 생각입니다. 우리는 이제 겨우 대학을 졸업합니다. 우리는 너무나도 젊습니다. 우리는 결코 이런 가능성을 잃어버려서는 안 됩니다. 결국 가

미래를 위한 서문

능성은 우리의 전부이기 때문입니다. (…) 우리 모두는 같은 상황에 직면해 있습니다. 이 세상에서 뭔가 실현해봅시다.

# 감사의 말

이 책을 집필하기 위해 인터뷰를 요청했을 때 흔쾌히 응해준 모든 노벨상 수상자들께 깊이 감사드립니다. 저에게는 굉장한 특권이었고 크나큰 영광이었습니다. 매 순간 정말 즐거웠고 인터뷰를 통해 많은 걸 배웠습니다. 아울러 이 프로젝트를 지지해주시고 아낌없이 지원해주신 린다우 노벨상 수상자 회의와 니콜라우스 투르너 이사장님께 특별한 감사의 말씀을 전하고 싶습니다. 린다우 노벨상 수상자 회의 조직위원회의 위원장이자 이 책의 서문을 써주신 베티나 베르나도테 백작 부인께도 감사드립니다. 그분 덕분에 미래 세대의 젊은 과학자들이 린다우의 꿈을 계속 지켜나갈 수 있었습니다. 여러모로 지원해주신 린다우의 커뮤니케이션 부문 전·현직 책임자 게로 폰 데어 스타인과 볼프강 하스에게도 감사 인사를 전합니다. 그리고 마지막으로 케임브리지 대학교 출판부의 카트리나 할리데이, 제인 호일, 제니 반 데어 메이지든에게 감사드립니다.

# 노벨상 수상자 명단

* 피터 아그리Peter Agre | 노벨 화학상 2003
* 프랑수아즈 바레시누시Françoise Barré-Sinoussi | 노벨 생리의학상 2008
* 엘리자베스 블랙번Elizabeth H. Blackburn | 노벨 생리의학상 2009
* 마틴 챌피Martin Chalfie | 노벨 화학상 2008
* 아론 치에하노베르Aaron Ciechanover | 노벨 화학상 2004
* 요한 다이젠호퍼Johann Deisenhofer | 노벨 화학상 1988
* 리하르트 에른스트Richard R. Ernst | 노벨 화학상 1991
* 에드먼드 피셔Edmond H. Fischer | 노벨 생리의학상 1992
* 데이비드 그로스David J. Gross | 노벨 물리학상 2004
* 로알드 호프만Roald Hoffmann | 노벨 화학상 1981
* 팀 헌트Tim Hunt | 노벨 생리의학상 2001
* 대니얼 카너먼Daniel Kahneman | 노벨 경제학상 2002
* 에릭 캔들Eric R. Kandel | 노벨 생리의학상 2000
* 존 매더John C. Mather | 노벨 물리학상 2006
* 캐리 멀리스Kary B. Mullis | 노벨 화학상 1993
* 로저 마이어슨Roger B. Myerson | 노벨 경제학상 2007
* 아노 펜지어스Arno Allan Penzias | 노벨 물리학상 1978
* 벤카트라만 라마크리슈난Venkatraman Ramakrishnan | 노벨 화학상 2009

스톡홀름에서 걸려온 전화

- ◆ 랜디 셰크먼Randy W. Schekman │ 노벨 생리의학상 2013
- ◆ 브라이언 슈밋Brian P. Schmidt │ 노벨 물리학상 2011
- ◆ 해밀턴 스미스Hamilton O. Smith │ 노벨 생리의학상 1978
- ◆ 로버트 솔로Robert M. Solow │ 노벨 경제학상 1987
- ◆ 로저 첸Roger Y. Tsien │ 노벨 화학상 2008
- ◆ 토르스텐 비셀Torsten N. Wiesel │ 노벨 생리의학상 1981

# 출처

본문에 수록된 인용문의 출처는 다음과 같다.

### Chapter 1

C. P. 카바피스, 〈이타카Ithaka〉, 《C. P. Cavafy: Collected Poems》, Revised Edition, translated by Edmund Keeley and Philip Sherrard, edited by George Savidis.

프리모 레비, 《주기율표The Periodic Table》, Little, Brown & Co., London, 1984.

### Chapter 7

T. R. 포스턴, 〈오거스타 새비지Augusta Savage〉, Metropolitan Magazine, January 1935, n.p.

### Chapter 8

© 브리지트 라일리

### Chapter 9

© 알베르트 아인슈타인

Chapter 13

© 바버라 매클린톡


Chapter 14

© 듀크 카하나모쿠


Chapter 16

© 베르톨트 브레히트(1938), 〈갈릴레이의 생애Life of Galileo〉, translated by Mark Ravenhill, Methuen Drama, an imprint of Bloomsbury Publishing Plc.


Chapter 20

© 리타 레비몬탈치니, 린다우 노벨상 수상자 회의, 1992. www.mediatheque. lindau-nobel.org/laureates/levi-montalcini

마리나 키건(2012), 〈고독의 반대편The opposite of loneliness〉, 예일 데일리 뉴 스. https://yaledailynews.com/blog/2012/05/27/keegan-the-opposite-of-loneliness/

출처

# 주

1   www.nobelprize.org

2   www.nobelprize.org

3   www.nobelprize.org

4   www.nobelprize.org

5   www.nobelprize.org

6   www.who.int; www.unaids.org

7   S. Jaschik(2015). 〈또 다른 정신건강 위기The Other Mental Health Crisis〉. www.insidehighered.com/news/2015/04/22/berkeley-study-find-shigh-levels-depression-among-graduate-students; The Graduate-Assembly (2014). Graduate Student Happiness & Well-Being Report 2014. http://ga.berkeley.edu/wp-content/uploads/2015/04/wellbein-greport_2014.pdf

8   www.nobelprize.org

9   www.nobelprize.org

10   www.nobelprize.org

11   린다우 노벨 미디어테크 참고. www.mediatheque.lindau-nobel.org/

12   www.nobelprize.org

13   www.nobelprize.org

14 www.nobelprize.org

15 www.nobelprize.org

16 www.nobelprize.org

17 www.nobelprize.org

18 www.nobelprize.org

19 www.nobelprize.org

20 R. Y. 첸. 'Very long-term memories may be stored in the pattern of holes in the perineuronal net.'《미국 국립과학원 회보 Proceedings of the National Academy of Sciences USA》, 110 (2013), 12456-12461.

21 www.nobelprize.org

22 www.nobelprize.org

23 www.nobelprize.org

24 www.nobelprize.org

25 www.nobelprize.org

26 www.nobelprize.org

27 www.nobelprize.org

28 www.nobelprize.org

29 www.nobelprize.org

30 www.nobelprize.org

31 로열 소사이어티(2010). 'The Scientific Century: Securing Our Future Prosperity.' https://royalsociety.org/~/media/royal_society_content/policy/publications/2010/4294970126.pdf

32 www.nobelprize.org

33 www.nobelprize.org

34 www.nobelprize.org

35 www.nobelprize.org

36 www.nobelprize.org

37 R. B. 마이어슨(2008). 〈갈등과 평화 전략에서 억제 수단의 힘The Power of Restraint in Strategies of Conflict and Peace〉. 이스라엘의 시몬 페레스 대통령이 주관한 회의에서 '인류가 미래에 직면하게 될 도전 과제'에 관한 패널에 참여했을 때 발표한 자료임. https://home.uchicago.edu/~rmyerson/shalom08.pdf

38 브리태니커 백과사전(2007). 로저 B. 마이어슨. www.britannica.com/biography/Roger-Myerson

39 www.nobelprize.org

40 www.nobelprize.org

41 www.mediatheque.lindau-nobel.org/laureates/levi-montalcini

42 M. 키건(2012). 〈고독의 반대편The opposite of loneliness〉, 예일 데일리 뉴스. https://yaledailynews.com/blog/2012/05/27/keegan-the-opposite-of-loneliness/